高职高专电子信息类“十二五”规划教材

单片机实验与实训指导

王曙霞　编著

西安电子科技大学出版社

内 容 简 介

本书是MCS-51系列单片机实验与实训指导书。全书共四章及两个附录。前两章为单片机实验及实训的相关知识。第三章介绍单片机的基本应用实验，包括指令练习、程序设计、中断实验、定时器/计数器实验、串行口实验、I/O口扩展实验、A/D和D/A转换实验等。第四章介绍单片机的综合实训，包括时钟显示、温度控制、7289键盘显示、LED点阵显示、点阵式LCD(128×64)液晶显示、I^2C总线、IC卡读写等。

本书适合于高职高专院校的电子、电气、自动化及机电一体化等专业，可作为学习单片机、单片机实践的使用教材。

★ 本书配有电子教案，有需要的老师可与出版社联系，免费提供。

图书在版编目（CIP）数据

单片机实验与实训指导 / 王曙霞编著. —西安：西安电子科技大学出版社，2007.8(2013.2重印)

高职高专电子信息类“十二五”规划教材

ISBN 978-7-5606-1887-6

Ⅰ. 单…　Ⅱ. 王…　Ⅲ. 单片微型计算机—高等学校：技术学校—教材　Ⅳ. TP368.1

中国版本图书馆CIP数据核字（2007）第104405号

策　　划　毛红兵
责任编辑　寇向宏　毛红兵
出版发行　西安电子科技大学出版社（西安市太白南路2号）
电　　话　(029)88242885　88201467　　邮　　编　710071
网　　址　www.xduph.com　　电子邮箱　xdupfxb001@163.com
经　　销　新华书店
印刷单位　渭南市邮电印刷厂
版　　次　2007年8月第1版　2013年2月第2次印刷
开　　本　787毫米×1092毫米　1/16　印　张　14.25
字　　数　332千字
印　　数　4001～6000册
定　　价　22.00元

ISBN 978-7-5606-1887-6/TP・0978

XDUP 2179001-2

前　言

单片机的初学者和单片机应用系统的开发人员，不仅要掌握单片机的基本原理和基本指令，而且应具备较强的分析程序和编写程序的能力。本教材将单片机的基础训练和综合实践训练相结合，以提高学生的程序设计、程序分析和调试的能力为目的，帮助学生从基本了解单片机到熟练运用相关知识和技能。

本教材采用填空的方式，将基本理论与实际应用相结合，操作实践与程序分析相结合，使学生更快地找到学习单片机的切入点，掌握单片机的应用。

本书共四章及两个附录，第一章为单片机的基本知识，第二章为 QTH-2008XS 单片机软件操作，第三章为单片机基本应用实验，第四章为单片机综合实训。全书内容从简单到复杂、由浅入深，使学生逐步掌握单片机的编程及应用。书中的 13 个基本应用实验和 11 个综合实训帮助学生深化所学知识。

本书由西安航空职业技术学院王曙霞编写，在编写过程中，查阅了大量有关资料，得到了爱迪克单片机公司、启东微机应用研究所同仁的大力帮助，谨在此向资料作者和同仁表示感谢。

本书可作为高职高专院校的电子、电气、自动化及机电一体化等专业在校学生学习及教师教学用书。由于时间仓促，作者水平有限，书中难免有不妥之处，恳请读者提出宝贵意见。

编　者

2007 年 6 月

目　录

第一章　单片机的基本知识

1.1　单片机芯片的内部结构及原理

一、单片机的概念

单片机即单片微型计算机，就是将 CPU、RAM、ROM、定时/计数器和多种 I/O 接口电路都集成在一块芯片上的微型计算机。

二、单片机的类型

MCS-51 系列单片机包括许多类型，常用的有 80C51 子系列、80C52 子系列，其配置如表 1.1 所示。MCS-51 系列单片机与 AT89C51 和 87C51 芯片内部结构及原理兼容。

表 1.1　MCS-51 系列单片机配置一览表

系列	片内存储器/KB					定时器/计数器	并行 I/O	串行 I/O	中断源	制造工艺
	无 ROM	片内 ROM	片内 EPROM	片内 FEPROM	片内 RAM					
MCS-51 子系列	8031	8051 4 KB	8751 4 KB		128 B	2×16 位	2×8 位	1	5	HMOS
	80C31	80C51 4 KB	87C51 4 KB	89C51	128 B	2×16 位	2×8 位	1	5	CHMOS
MCS-52 子系列	8032	8052 8 KB	8752 8 KB		256 B	3×16 位	2×8 位	1	6	HMOS
	80C232	80C252 8 KB	87C252 8 KB	89C52	256 B	3×16 位	2×8 位	1	6	CHMOS

三、MCS-51 系列单片机的内部结构

MCS-51 单片机结构框图如图 1.1 所示，各功能部件由内部总线连接在一起。

MCS-51 单片机芯片内部集成包括下列部件：

(1) 一个 8 位微处理器 CPU。

(2) 256 B 数据存储器 RAM 和特殊功能寄存器 SFR。

(3) 4 KB 内部程序存储器 ROM。

(4) 两个定时/计数器，用以对外部事件进行计数，也可用作定时器。

(5) 四个 8 位可编程的 I/O(输入/输出)并行端口，每个端口既可做输入，也可做输出。

(6) 一个串行端口，用于数据的串行通信。

(7) 具有五个中断源、两个优先级的中断结构。

(8) 内部有一个振荡器和时钟电路。

(9) 有一个可编程全双工的串行口。

(10) 可寻址 64 KB 的外部数据存储空间和 64 KB 的外部程序存储器的控制电路。

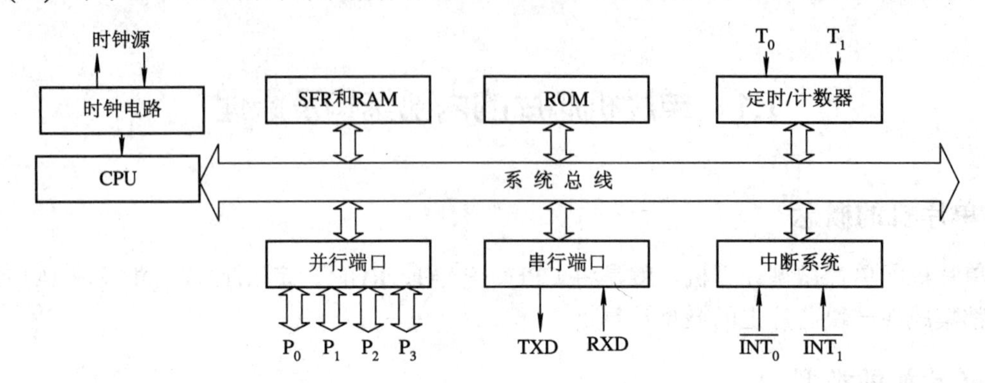

图 1.1　MCS-51 单片机结构框图

四、MCS-51 系列单片机的引脚功能

MCS-51 系列单片机引脚及总线结构如图 1.2 所示。

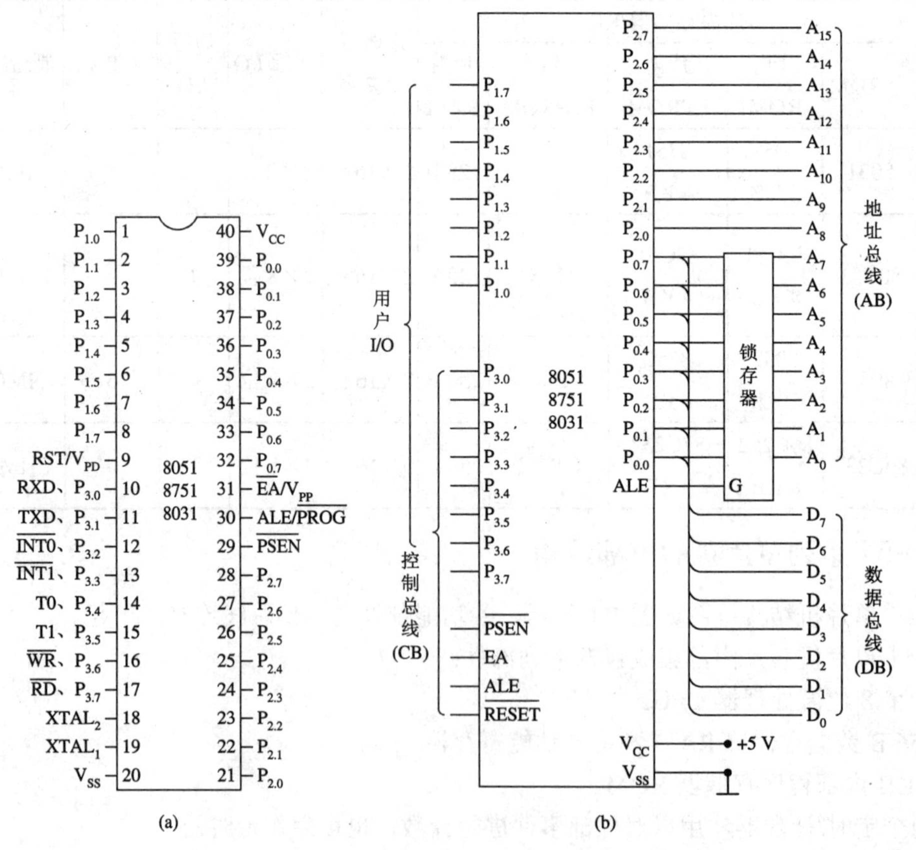

图 1.2　MCS-51 系列单片机引脚及总线结构

(a) 引脚图；(b) 引脚功能分类

(1) 主电源引脚 V_{CC} 和 V_{SS}。

(2) 外接晶振引脚 $XTAL_1$ 和 $XTAL_2$。

(3) 控制或其他电源复用引脚 RST/V_{PD}、$ALE/\overline{PROG}$ 和 $\overline{EA}/V_{PP}$。

(4) 输入/输出引脚 P_0、P_1、P_2、P_3(共 32 根)。

五、MCS-51 系列单片机存储器结构

1. 程序存储器

对于 80C51 来说，程序存储器(ROM)的内部地址为 0000H～0FFFH，共 4 KB；外部地址为 1000H～FFFFH，共 60 KB。程序存储器的结构如图 1.3 所示。当 $\overline{EA}$=1，程序计数器由内部 0FFFH 执行到外部 1000H 时，会自动跳转；当 $\overline{EA}$=0 时，只执行外部程序。对于 87C51 来说，内部有 4 KB 的 EPROM，将它作为内部程序存储器；80C31 内部无程序存储器，必须外接程序存储器。

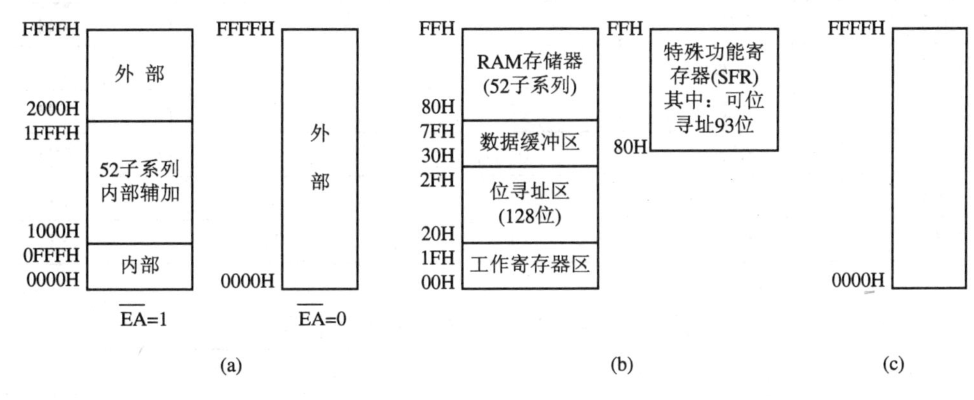

图 1.3　MCS-51 单片机存储器空间结构图

(a) 程序存储器；(b) 内部数据存储器；(c) 外部数据存储器

80C31 最多可外扩 64 KB 程序存储器，其中 6 个单元地址具有特殊用途，保留给系统使用，如表 1.2 所示。其中，0000H 是系统的启动地址，一般在该单元中存放一条绝对跳转指令；另外 0003H、000BH、0013H、001BH 和 0023H 对应 5 个中断源的中断服务入口地址。

表 1.2　MCS-51 单片机复位、中断入口地址

操　　作	入口地址
复位	0000H
外部中断 $\overline{INT0}$	0003H
定时器/计数器 0 溢出	000BH
外部中断 $\overline{INT1}$	0013H
定时器/计数器 1 溢出	001BH
串行口中断	0023H
定时器/计数器 2 溢出或 T2EX 端负跳变(MCS-52 子系列)	002BH

2. 内部数据存储器

MCS-51 单片机片内 RAM 的配置如图 1.3(b)所示。片内 RAM 为 256 字节，地址范围为 00H～FFH，分为两大部分：低 128 字节(00H～7FH)为真正的 RAM 区；高 128 字节(80H～FFH)为特殊功能寄存器区 SFR。

在低 128 字节 RAM 中，00H～1FH 共 32 单元是 4 个通用工作寄存器区。每一个区有 8 个通用寄存器 R0～R7。寄存器和 RAM 地址对应关系如表 1.3 所示。RAM 中的位寻址区地址表如表 1.4 所示，SFR 特殊功能寄存器地址表如表 1.5 所示。

表 1.3 寄存器和 RAM 地址对照表

寄存器	地 址			
	0 区	1 区	2 区	3 区
R0	00H	08H	10H	18H
R1	01H	09H	11H	19H
R2	02H	0AH	12H	1AH
R3	03H	0BH	13H	1BH
R4	04H	0CH	14H	1CH
R5	05H	0DH	15H	1DH
R6	06H	0EH	16H	1EH
R7	07H	0FH	17H	1FH

表 1.4 RAM 中的位寻址区地址表

RAM 地址	D_7	D_6	D_5	D_4	D_3	D_2	D_1	D_0
20H	07	06	05	04	03	02	01	00
21H	0F	0E	0D	0C	0B	0A	09	08
22H	17	16	15	14	13	12	11	10
23H	1F	1E	1D	1C	1B	1A	19	18
24H	27	26	25	24	23	22	21	20
25H	2F	2E	2D	2C	2B	2A	29	28
26H	37	36	35	34	33	32	31	30
27H	3F	3E	3D	3C	3B	3A	39	38
28H	47	46	45	44	43	42	41	40
29H	4F	4E	4D	4C	4B	4A	49	48
2AH	57	56	55	54	53	52	51	50
2BH	5F	5E	5D	5C	5B	5A	59	58
2CH	67	66	65	64	63	62	61	60
2DH	6F	6E	6D	6C	6B	6A	69	68
2EH	77	76	75	74	73	72	71	70
2FH	7F	7E	7D	7C	7B	7A	79	78

表 1.5　SFR 特殊功能寄存器地址表

专用寄存器名称	符号	地址	位地址与位名称							
			D_7	D_6	D_5	D_4	D_3	D_2	D_1	D_0
P0 口	P0	80H	87	86	85	84	83	82	81	80
堆栈指针	SP	81H								
数据指针低字节	DPL DPTR	82H								
数据指针高字节	DPH	83H								
定时器/计数器控制	TCON	88H	TF1 8F	TR1 8E	TF0 8D	TR0 8C	IE1 8B	IT1 8A	IE0 89	IT0 88
定时器/计数器方式控制	TMOD	89H	GATE	$C/\overline{T}$	M_1	M_0	GATE	$C/\overline{T}$	M_1	M_0
定时器/计数器 0 低字节	TL0	8AH								
定时器/计数器 1 低字节	TL1	8BH								
定时器/计数器 0 高字节	TH0	8CH								
定时器/计数器 1 高字节	TH1	8DH								
P1 口	P1	90H	97	96	95	94	93	92	91	90
电源控制	PCON	97H	SMOD	—	—	—	GF1	GF0	PD	IDL
串行控制	SCON	98H	SMO 9F	SM1 9E	SM2 9D	REN 9C	TB8 9B	RB8 9A	TI 99	RI 98
串行数据缓冲器	SBUF	99H								
P2 口	P2	A0H	A7	A6	A5	A4	A3	A2	A1	A0
中断允许控制	IE	A8H	EA AF	— —	ET2 AD	ES AC	ET1 AB	EX1 AA	ET0 A9	EX0 A8
P3 口	P3	B0H	B7	B6	B5	B4	B3	B2	B1	B0
中断优先级控制	IP	B8H	— —	— —	PT2 BD	PS BC	PT1 BB	PX1 BA	PT0 B9	PX0 B8
定时器/计数器 2 控制	T2CON*	C8H	TE2 CF	EXF2 CE	RCLK CD	TCLK CC	EXEN2 CB	TR2 CA	$C/\overline{T2}$ C9	CP/$\overline{PL2}$ C8
定时器/计数器 2 自动重装载低字节	RLDL*	CAH								
定时器/计数器 2 自动重装载高字节	RLDH*	CBH								
定时器/计数器 2 低字节	TL2*	CCH								
定时器/计数器 2 高字节	TH2*	CDH								
程序状态字	PSW	D0H	Cr D7	AC D6	F0 D5	RS1 D4	RS0 D3	OV D2	— D1	P D0
累加器	A	E0H	E7	E6	E5	E4	E3	E2	E1	E0
B 寄存器	B	F0H	F7	F6	F5	F4	F3	F2	F1	F0

1.2　MCS-51 系列单片机指令系统

MCS-51 系列单片机指令按照功能可分为数据传送类指令、算术运算类指令、逻辑运算与循环类指令、程序转移类指令和位操作类指令。

一、数据传送类指令

1．访问 RAM 和 SFR 的指令

(1) 以 A 为目的操作数：

```
MOV   A，Rn              ；(A)←(Rn)
MOV   A，direct          ；(A)←(direct)
MOV   A，@Ri             ；(A)←((Ri))
MOV   A，#data           ；(A)←#data
```

(2) 以 Rn 为目的操作数：

```
MOV   Rn，A              ；(Rn)←(A)
MOV   Rn，direct         ；(Rn)←(direct)
MOV   Rn，#data          ；(Rn)←#data
```

(3) 以直接地址为目的操作数：

```
MOV   @Ri，A             ；((Ri))←(A)
MOV   @Ri，direct        ；((Ri))←(direct)
MOV   @Ri，#data         ；((Ri))←#data
```

(4) 以间接地址为目的操作数：

```
MOV   @Ri，A             ；((Ri))←(A)
MOV   @Ri，direct        ；((Ri))←(direct)
MOV   @Ri，#data         ；((Ri))←#data
```

(5) 以 DPTR 为目的操作数：

```
MOV   DPTR，#data16      ；(DPTR)←#data16
```

2．访问外部数据 RAM

```
MOVX  A，@DPTR           ；(A)←((DPTR))
MOVX  @DPTR，A           ；((DPTR))←(A)
MOVX  A，@Ri             ；(A)←((P2Ri))
MOVX  @Ri，A             ；((P2Ri))←(A)
```

3．读程序存储器

```
MOVC  A，@A+DPTR         ；(A)←((A)+((DPTR))
MOVC  A，@A+PC           ；(A)←((A)+(PC))
```

4．数据交换

字节交换：

XCH A，Rn ；(A)⇔(Rn)

XCH A，direct ；(A)⇔(direct)

XCH A，@Ri ；(A)⇔((Ri))

半字节交换：

XCHD A，@Ri ；$(A_{0\sim3})$⇔$((Ri)_{0\sim3})$

SWAP A ；$(A_{0\sim3})$⇔$(A_{4\sim7})$

5．堆栈操作

所谓堆栈是指在片内 RAM 中按“先进后出，后进先出”原则设置的专用存储区。数据的进栈和出栈由指针 SP 统一管理。堆栈操作有如下两条专用指令：

PUSH direct ；(SP)←(SP)+1，((SP))←(direct)

POP direct ；(direct)←((SP))，(SP)←(SP) –1

二、算术运算类指令

1．加法指令

ADD A，Rn ；(A)←(A)+(Rn)

ADD A，direct ；(A)←(A)+(direct)

ADD A，@Ri ；(A)←(A)+((Ri))

ADD A，#data ；(A)←(A)+#data

2．带进位加法指令

ADDC A，Rn ；(A)←(A)+(Rn)+(C)

ADDC A，direct ；(A)←(A)+(direct)+(C)

ADDC A，@Ri ；(A)←(A)+((Ri))+(C)

ADDC A，#data ；(A)←(A)+#data+(C)

3．带借位减法指令

SUBB A，Rn ；(A)←(A) –(Rn) –(C)

SUBB A，direct ；(A)←(A) –(direct) –(C)

SUBB A，@Ri ；(A)←(A) –((Ri)) –(C)

SUBB A，#data ；(A)←(A) –#data –(C)

4．乘法指令

MUL AB ；(B)(A)←(A)×(B)。A 和 B 中各存放一个 8 位无符号数，指令执行后，
；16 位乘积的高 8 位在 B 中，低 8 位存 A 中

5．除法指令

DIV AB ；(A)÷(B)→商在 A 中，余数在 B 中

6．加 1 指令

INC A ；(A)←(A)+1

INC Rn ；(Rn)←(Rn)+1

```
INC  direct      ; (direct)←(direct)+1
INC  @Ri         ; ((Ri))←((Ri))+1
INC  DPTR        ; (DPTR)←(DPTR)+1
```

7. 减 1 指令

```
DEC  A           ; (A)←(A) - 1
DEC  Rn          ; (Rn)←(Rn) - 1
DEC  direct      ; (direct)←(direct) - 1
DEC  @Ri         ; ((Ri))←((Ri)) - 1
```

8. 十进制调整指令

```
DA  A            ; 把 A 中按二进制相加的结果调整成按 BCD 码相加的结果
```

三、逻辑运算与循环类指令

1. "与"操作指令

```
ANL A,direct       ; (A)←(A)∧(direct)
ANL A,Rn           ; (A)←(A)∧(Rn)
ANL A,@Ri          ; (A)←(A)∧((Ri))
ANL A,#data        ; (A)←(A)∧#data
ANL direct,A       ; (direct)←(direct)∧(A)
ANL direct,#data   ; (direct)←(direct)∧#data
```

2. "或"操作指令

```
ORL A,direct       ; (A)←(A)∨(direct)
ORL A,Rn           ; (A)←(A)∨(Rn)
ORL A,@Ri          ; (A)←(A)∨((Ri))
ORL A,#data        ; (A)←(A)∨#data
ORL direct,A       ; (direct)←(direct)∨(A)
ORL direct,#data   ; (direct)←(direct)∨#data
```

3. "异或"操作指令

```
XRL A,direct       ; (A)←(A)⊕(direct)
XRL A,Rn           ; (A)←(A)⊕(Rn)
XRL A,@Ri          ; (A)←(A)⊕ ((Ri))
XRL A,#data        ; (A)←(A)⊕#data
XRL direct,A       ; (direct)←(direct)⊕ (A)
XRL direct,#data   ; (direct)←(direct)⊕#data
```

4. 求反与清除指令

CLR A　　　　; (A)←00H

CPL A　　　　; (A)←($\overline{A}$)

5．循环指令

```
RL A        ;  ┌──────────┐
               └←A7←A0←┘
RLC A       ;  ┌────────────┐
               └CY─A7←A0┘
RR A        ;  ┌──────────┐
               └→A7→A0→┘
RRC A       ;  ┌────────────┐
               └CY→A7→A0┘
```

四、程序转移类指令

1．无条件转移指令

绝对(短)转移指令：

AJMP　addr11　　；$(PC_{0\sim10})$←addr11

长转移指令：

LJMP　addr16　　；(PC)←addr16

短(相对)转移指令：

SJMP　rel　　；(PC)←(PC) + 2 + rel

间接转移指令：

JMP　@A+DPTR　　；(PC)←(A) + (DPTR)

2．条件转移指令

累加器为零(非零)转移指令：

JZ　rel　　；若(A)=0，则(PC)←(PC)+rel，否则程序顺序执行

JNZ　rel　　；若(A)≠0，则(PC)←(PC)+rel，否则程序顺序执行

减 1 非零转移指令：

DJNZ　Rn,rel　　；(Rn)←(Rn) − 1，若(Rn)≠0，则(PC)←(PC)+rel，否则顺序执行

DJNZ　direct,rel　　；(direct)←(direct)− 1，若(direct)≠0，则(PC)←(PC)+rel，否则顺序执行

两数不等转移指令：

CJNE　A,#data,rel　　；若(A)≠#data，则(PC)←(PC)+rel，否则顺序执行；若(A)<#data，则(CY)=1，
；否则(CY)=0

CJNE　Rn,#data,rel　　；若(Rn)≠#data，则(PC)←(PC)+rel，否则顺序执行；若(Rn)<#data，则
；(CY)=1，否则(CY)=0

CJNE　@Ri,#data,rel　　；若((Ri))≠#data，则(PC)←(PC)+rel，否则顺序执行；若((Ri))<#data，则
；(CY)=1，否则(CY)=0

CJNE　A,direct,rel　　；若(A)≠(direct)，则(PC)←(PC)+rel，否则顺序执行；若(A)<(direct)，则
；(CY)=1，否则(CY)=0

3. 调用和返回指令

绝对(短)调用指令：

ACALL　addr11；(PC)←(PC)+2，(SP)←(SP)+1，(SP)←$PC_{0\sim7}$，(SP)←(SP)+1，(SP)←($PC_{8\sim15}$)，
；($PC_{0\sim10}$)←addr11

长调用指令：

LCALL　addr16；(PC)←(PC)+3，(SP)←(SP)+1，(SP)←($PC_{0\sim7}$)，(SP)←(SP)+1，(SP)←($PC_{8\sim15}$)，
；(PC)←addr16

返回指令：

RET　；($PC_{8\sim15}$)←((SP))，(SP)←(SP) −1，($PC_{0\sim7}$)←((SP))，(SP)←(SP) −1，子程序返回指令

RETI　；($PC_{8\sim15}$)←((SP))，(SP)←(SP) −1，($PC_{0\sim7}$)←((SP))，(SP)←(SP) −1，中断返回指令

空操作：

NOP　；空操作，消耗 1 个机器周期

五、位操作类指令

1. 位传送指令

MOV　C,bit　；(CY)←(bit)

MOV　bit,C　；(bit)←(CY)

2. 位置位和位清零指令

CLR　C　；(CY)←0

CLR　bit　；(bit)←0

SETB　C　；(CY)←1

SETB　bit　；(bit)←1

3. 位运算指令

ANL　C,bit　；(CY)←(CY)∧(bit)

ANL　C/bit　；(CY)←(CY)∧($\overline{bit}$)

ORL　C,bit　；(CY)←(CY)∨(bit)

ORL　C/bit　；(CY)←(CY)∨($\overline{bit}$)

CPL　C　；(CY)←($\overline{CY}$)

CPL　bit　；(bit)←($\overline{bit}$)

4. 位控制转移指令

JB　bit,rel　；若(bit)=1，则(PC)←(PC)+rel，否则顺序执行

JNB　bit,rel　；若(bit)=0，则(PC)←(PC)+rel，否则顺序执行

JBC　bit,rel　；若(bit)=1，则(PC)←(PC)+rel，(bit)←0，否则顺序执行

JC　rel　；若(CY)=0，则(PC)←(PC)+rel，否则顺序执行

JNC　rel　；若(CY)≠0，则(PC)←(PC)+rel，否则顺序执行

第二章　QTH-2008XS 单片机软件操作

QTH 单片机实验系统是启东市微机应用研究所最新推出的单片机实验开发系统。在仿真 P2 口、P0 口作 I/O 使用时无需更换仿真卡，不占用 CPU 任一 RAM 单元，有完善的断点功能。它具备完善的实验功能、强大的仿真功能及其通用性和可扩展性等特点，提供汇编、C 语言两种演示程序，自带 28 个键的键盘和 8 个八段数码管。

2.1　QTH-2008XS 单片机实验仪功能介绍

QTH-2008XS 型号实验仪自带下载式 CPU 和仿真监控程序，不需要仿真器和编程工具，只需通过 COM 口便可与 PC 机连接，直接调试实验程序，是廉价的仿真实验仪。

QTH-2008XS 实验仪除了一些通用的特性外，还具备如下一些特点。

(1) 采用模块化设计：所有电路单元尽可能独立开放，提高实验的自由度、灵活性，各单元模块可组成多种功能各异的实验电路，提高学生的创造性，如通过 DIP 开关来切换键盘显示实验区是否对用户开放等。

(2) 提供了丰富的外围芯片：扩展 RAM，244、273 扩展 I/O 口，8251 与 PC 机进行串行通信，8253 计数器，8255 并行扩展实验进行交通灯等实验，8259 中断，0809 A/D 通过调节电位器观察输出值的变化，0832 D/A 编程实现方波及阶梯波等波形，164 串/并转换用于显示电子钟 DS1302 的“秒”，138 译码提供各模块的选通信号，393 分频—振荡电路通过分频得到相应的频率。

(3) 体现了完善的功能：CPLD 可编程逻辑实验——利用下载电缆进行在线编程；RS232 与 RS485 转换，并通过 RS232 与 PC 机通信实验；12864 液晶显示实验——显示中文及英文字符；16×16 点阵式 LED 实验——移动中文字幕；逻辑加密卡——密码及内容的读写；7289 键盘显示实验——模拟电子钟；种类齐全的总线实验(SPI 总线的串行 EEPROM 及看门狗——X5045、Microwire 总线的串行 EEPROM——AT93C46、I^2C 总线的串行 EEPROM——AT24C16、单总线结构的数字式温度传感器——DS18B20、其他总线的电子钟——DS1302)；继电器实验——演示单刀双掷继电器的常开常闭状态；直流电机，步进电机，光磁控制风扇，电子音响，打印机接口等实验。

(4) 领先的开发环境：全新的 Windows 界面版本，支持软件模拟调试，支持 C 语言混合码调试，使 C 语言调试更加直观方便。支持 ASM、PLM、C 语言多模块混合语言源程序调试。先进的错误定位，可直接进入错误位置，无需查找错误信息。所有软件均可直接在线修改、编译、连接、装载。

2.2 QTH-2008XS 下载式单片机实验仪开发环境

QTH-2008XS 软件是集编辑、编译、连接、加载、调试等为一体的集成开发环境，可以在同一界面环境中完成所有任务。

一、连接系统电源

QTH-2008XS 下载式实验仪由一组外接电源系统驱动。通电时，先接通目标系统稳压电源，然后接通 PC 机和 QTH-2008XS 下载式实验仪的电源；断电时，先关闭 PC 机和 QTH-2008XS 下载式实验仪电源，然后关闭目标系统稳压电源。

二、QTH-2008XS 开发环境的启动和退出

在正确安装 QTH-2008XS 下载式单片机实验仪软件后，如果要启动程序，只需把鼠标指向 Windows 桌面上的程序图标(如 QTH-2008XS 开发系统 V2006.1)便可启动程序。如果已经连接实验仪，则 QTH 软件进入自动搜索状态。如果 QTH 自动识别实验仪连机正常，则直接进入 QTH 实验仪开发环境界面。如果没有连接好实验仪，则屏幕上出现如图 2.1 所示的“连机出错”提示框；如果只是进入软件调试，则点击提示框中的“是(Y)”按钮。

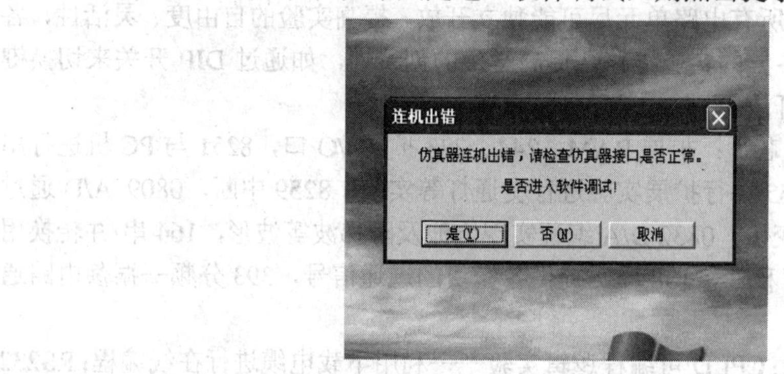

图 2.1 “连机出错”提示框

需要退出 QTH-2008XS 开发环境时，可以从主窗口中的文件菜单中选“退出”命令，或单击标题栏上的“×”按钮。

三、QTH-2008XS 开发环境菜单介绍

QTH-2008XS 开发环境界面如图 2.2 所示。它有许多菜单项，主菜单包含了绝大多数操作命令。用户通过阅读菜单项，即可掌握每个菜单命令的具体功能。QTH-2008XS 也可以使用下述热键和工具栏图标快速完成常用菜单项的功能：

- 文件(F)：包括文件有关的操作，如打开、关闭、打印等。
- 编辑(E)：包括拷贝、剪切、粘贴、书签、查找和替换等。
- 查看(V)：包括工具栏和有关窗口的显示等。
- 项目(P)：包括编译和连接等。
- 调试(D)：包括加载目标文件、单步、断点、全速执行等。

- 设置(S)：包括仿真机的设置、设置文本编辑器、项目属性等。
- 外设(O)：包含定时器、串行口、中断等命令。
- 窗口(W)：选择或改变当前活动窗口及窗口排列方式。
- 帮助(H)：显示相应帮助文件和键操作。

图 2.2　QTH-2008XS 开发环境界面

四、QTH-2008XS 开发环境使用方法

1. 进入 QTH-2008XS 开发环境

双击桌面中 QTH-2008XS 图标，出现如图 2.2 所示界面。

2. 创建程序文件

如果要创建一个新的程序文件，可从“文件”菜单中选择“新建”命令或单击工具栏上的“新建”命令按钮，出现如图 2.3 所示界面，就可在打开的一个空的源程序窗口中编辑新文件。如果从“文件”菜单中选择“打开”命令或单击工具栏上的“打开”命令按钮，将弹出如图 2.4 所示的“打开”对话框，选取正确的路径和文件名，就可以打开一个以前编译好的文件。

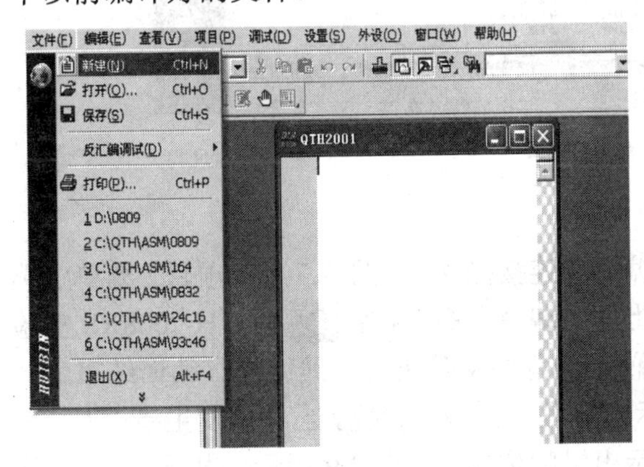

图 2.3　新建文件界面

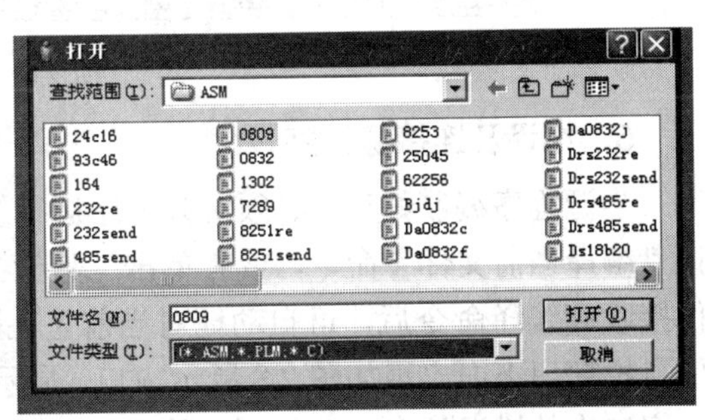

图 2.4　“打开”对话框

3. 保存文件

若打开一个空的源程序窗口后，应先将其保存成扩展名为 .ASM 的源程序，如图 2.5 所示，以防止程序丢失。若用 C 语言编制源程序时，则扩展名为 .C。

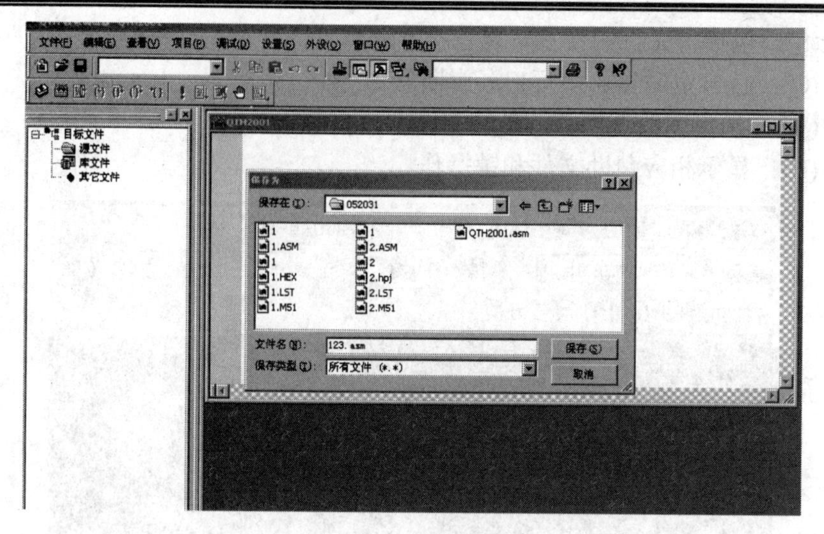

图 2.5　保存文件

4．输入程序

将编写好的程序输入到保存的窗口中，如图 2.6 所示。

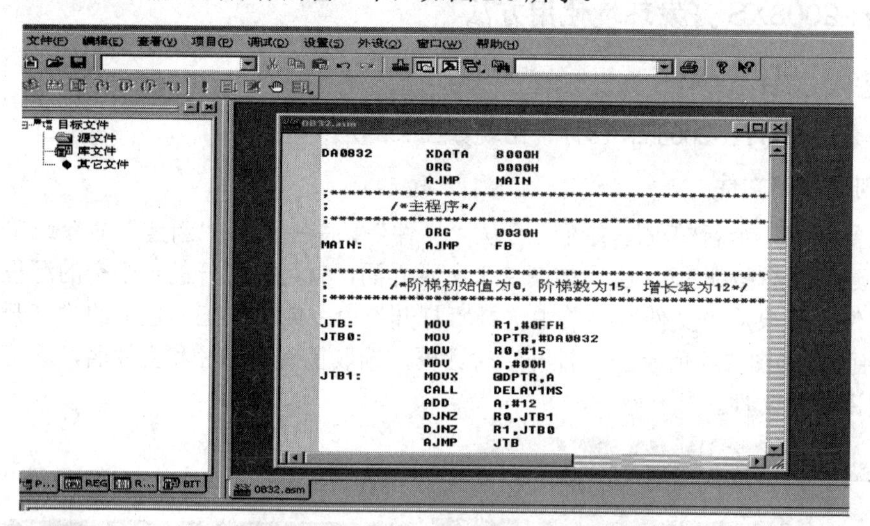

图 2.6　输入程序

5．编译及连接源程序

当源程序编制好后，必须对源程序进行编译及连接操作。在图 2.7 的“项目”菜单中选择“编译当前文件”命令，或者单击工具栏上的“编译”命令按钮，QTH-2008XS 实验仪接收到编译命令后，可自动地对当前正在使用的程序文件进行在线编译。编译结束后，信息栏窗口下面出现如图 2.8 所示窗口，显示当前程序的编译状况。当编译发生错误时，信息窗口中的错误信息自动与源文件关联，提示出错的位置，如图 2.9 所示，出现“⇨”光标的位置是提示出错；或者在信息窗口错误提示处双击鼠标左键，也可将错误信息与源文件的错误位置关联，在错误程序上出现“⇨”光标。如果编译出现错误，在修改文件后重复进行编译操作，直到错误修改完毕。

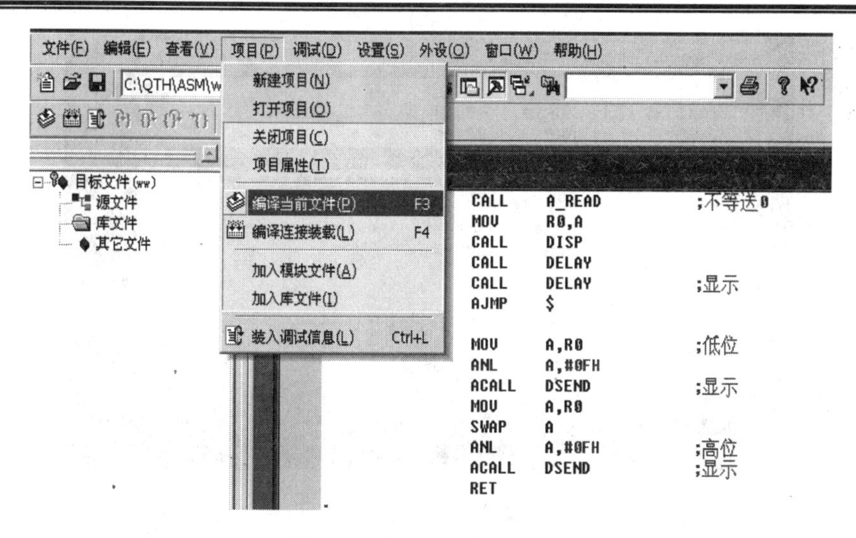

图 2.7　编译及连接源程序

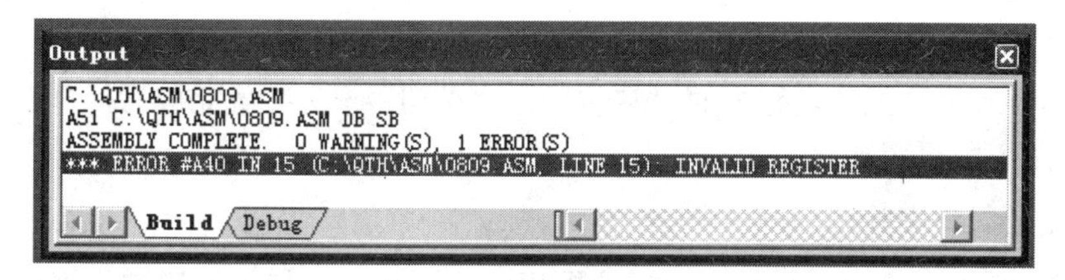

图 2.8　编译后信息栏

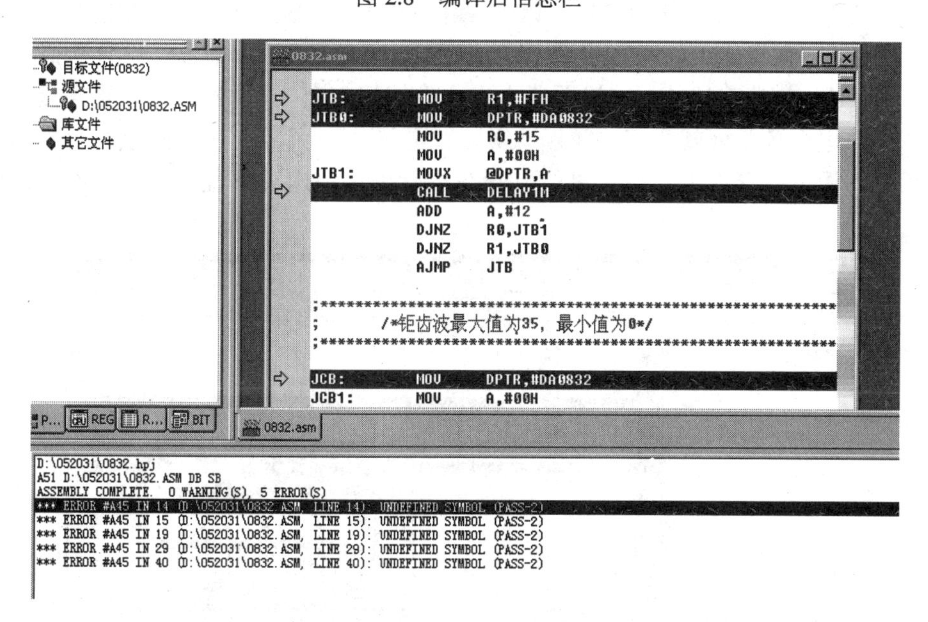

图 2.9　程序编译出错提示

当编译后没有语法错误时，在“项目”菜单中选择“编译连接装载”命令，QTH 即自动对当前的单文档或多文档进行编译，在所有文档编译通过后自动进行连接操作。连接成功后源程序将出现“ ”光标指向程序首地址，如图 2.10 所示。

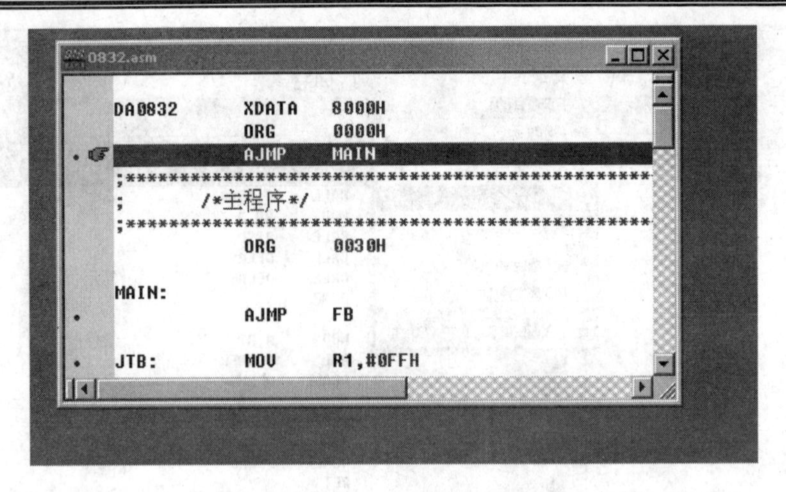

图 2.10　连接成功

6. 重新装入程序

在调试过程中，可以根据需要随时重新装入程序。从“调试”菜单选择“装载”命令(快捷键 Ctrl+L)，或者单击工具栏上的“装载”命令按钮。装载完成后，开发环境中调试工具条所有命令按钮变亮。

7. 断点设置与清除

当程序编译连接成功后，可在源程序窗口设定断点。将鼠标指向源程序行左侧需设定断点行处，按下鼠标左键设置后，断点以“”标记在文本左侧的灰色状态栏内。重复上述步骤，设定更多的断点，如图 2.11 所示。或者单击“调试”菜单选择“设置断点”命令(快捷键 F9)，还可以单击工具条的“设置断点”命令按钮。设置断点后，当重复调试程序时，程序只要运行到此处就会停在该断点处。清除断点时只需在所设断点行处按下鼠标左键，或者在“调试”菜单下点击“复位”命令，就可以快速观察程序运行到断点时的执行结果。

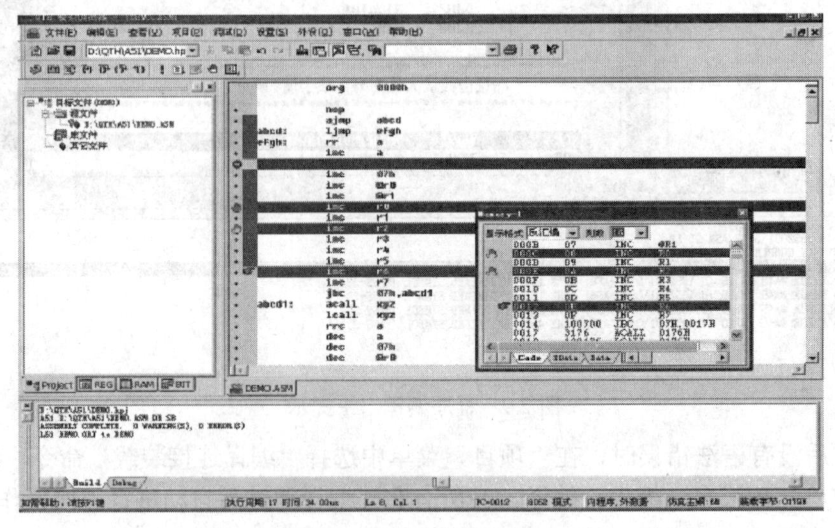

图 2.11　断点的设置

8. 设置 PC 指针

单片机在复位时自动将 PC 的内容设定为 0000H。在调试源程序过程中，如果需要从某一地址处开始执行程序，则可以重新设置 PC 指针改变程序执行地址，将鼠标指向程序行左侧需设定断点行处，按下鼠标右键。或者从“设置”菜单中打开设置 PC 值窗口，在修改 PC 值窗口中直接输入程序地址。

9. 单步执行调试

从“调试”菜单中选择“单步执行”命令(快捷键 F8)，或者单击工具栏上的“单步执行”命令按钮，系统就按照 PC 所指示的地址(箭头处)执行该条指令。PC 的内容将自动指向下一条将要执行指令的地址，箭头也向下移动一次。当执行调用指令(LCALL XX，ACALL XX)时，单步运行可以跟踪到子程序内部，在调试中可以观察主程序、子程序内部各条指令的运行结果及程序运行过程。

10. 宏单步(步越)

从“调试”菜单中选择“宏单步”命令(快捷键 F10)，或者单击工具栏上的“宏单步”命令按钮，系统就按照 PC 所指示的地址(箭头处)执行该条指令。但当执行调用指令(LCALL XX，ACALL XX)时，宏单步不能跟踪到子程序内部，它将该子程序视为一个语句一次执行完全部指令，PC 的内容将自动指向该调用指令的下一条指令的地址。

11. 执行到光标处

先将光标调到某条需要观察执行结果的指令处，单击“调试”菜单中的“执行到光标处”命令(快捷键 F7)，或者单击工具栏上的“执行到光标处”命令按钮，程序就从当前地址处开始执行到当前光标所在的程序行。如果当前光标处在一个不可执行的程序行上，则 QTH 不能执行该操作。此方法可根据操作者的实际需要，快速观察程序运行至某处的执行结果，加快调试程序的速度。

12. 屏蔽断点全速运行程序

单击“调试”菜单中的“屏蔽断点全速运行”命令(快捷键 CTRL+F5)，或者单击工具栏上的“全速运行”命令按钮，程序从当前程序地址处开始全速执行程序，并屏蔽所有断点直至按复位键停止。全速运行程序可以快速观察到程序执行的最后结果。

13. 查看 CPU 片内寄存器内容

单击“查看”菜单中的“寄存器窗口”命令，或者单击工具条上的“寄存器窗口”命令按钮，出现如图 2.12 所示的窗口。通过寄存器窗口可以观察到特殊功能寄存器窗口的内容变化情况。若使光标进入任一窗口某一指定数据位置，即可对该窗口的内容直接进行修改。

14. 查看数据存储器

单击“查看”菜单中的“数据存储器”命令，或者单击工具栏上的“数据存储器”命令按钮，出现如图 2.13 所示的窗口。在该窗口中可以观察到程序在运行时内部数据存储器窗口(Data)和外部数据存储器窗口(Xdata)的内容变化情况。若使光标进入任一窗口某一指定数据位置，即可对该窗口的内容直接进行修改。

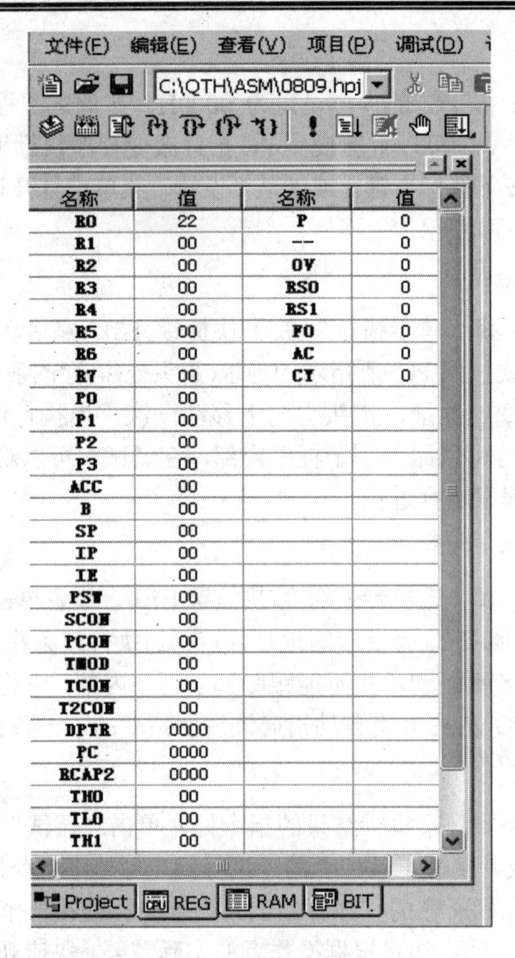

图 2.12　寄存器窗口

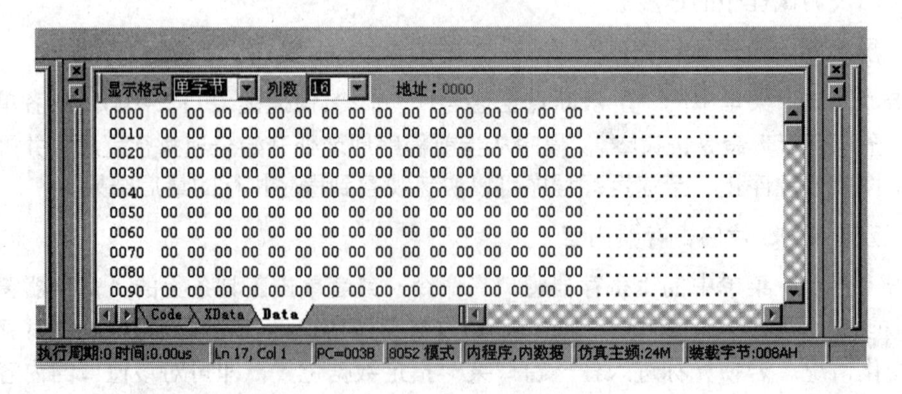

图 2.13　数据存储器窗口

15. 查看变量

单击“查看”菜单中的“变量表”命令(快捷键 Ctrl+W)，或者单击工具栏上的“变量表”命令按钮，出现如图 2.14 所示的窗口。通过该窗口可以查看程序运行中某些符号的参数及变量的变化值。

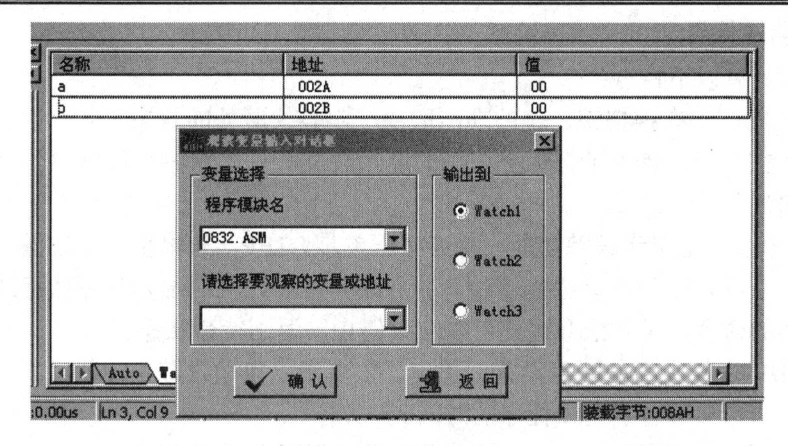

图 2.14　变量变化窗口

2.3　键盘监控程序简介

1. 键盘监控程序工作状态

用户可以通过 28 个键向 QTH-2008XS 实验仪发出各种操作命令，大多数键均有两个以上功能，本机无上下挡转换键，实验仪进行什么操作不仅与按压什么键有关，而且与当时实验仪的状态有关。下述各工作状态在操作中是一些重要概念，需读者掌握。

待命状态 0：在本状态时，显示器左端显示一个闪动的“P”提示符，表示实验仪在初始化状态。实验仪接通电源自动复位或按压 RESET 键，都可以使本机处于待命状态 0。在大多数情况下，按 MON 键也可以使实验仪进入待命状态 0。

待命状态 1：在本状态时，显示器显示一到八位数字，数字中间没有间隔。如果显示八位数字，则第一位会不断闪动。在待命状态 0 时，按数字键本机便转入待命状态 1。另外，当执行用户程序时，遇断点、单步执行、宏单步执行等都会使实验仪进入待命状态 1。

存储器读/写状态：显示器显示六位数字，第五、六位为空格，第七位或第八位数字不断闪动。在待命状态 1 时，按 MEM、DRAM 键或设置断点、断点查找等都会使实验仪进入该状态。按压 RESET 键和 MON 键，可以退出该状态，返回待命状态 0。

寄存器读/写状态：显示器显示五位数字，第一位为寄存器代号，第二、三、四位为空格，第五至第八位显示寄存器内容，其中一位不断闪动。在待命状态 1 并且显示器上只有一位数字时(寄存器代号)，按 REG 键可使实验仪进入读/写状态。按压 RESET 键和 MON 键可以退出该状态，返回待命状态 0。

特殊功能寄存器和 RAM 区读/写状态：显示器显示六位数字，第一、二位为 CPU 内部 RAM 地址，第三、四位为空格，第五、六位显示该地址内容，第七、八位显示下一地址单元内容，其中一位不断闪动。按压 LAST、NEXT 键进入偶地址或奇地址向上、向下读/写操作。在待命状态 1 并且显示器上只有两位数字时(特殊功能寄存器、RAM 区地址)，按 SFR、REG 键使计算机进入该状态。特殊功能寄存器只能读出不能写入，按压 RESET 键和 MON 键可以退出该状态，返回待命状态 0。

2. 键盘监控特点

键盘控制具有以下特点：

(1) QTHBUG没有换挡键，键的功能取决于实验仪所处的状态。各个键的功能同实验仪的状态联系在一起，免去了记忆上下挡的麻烦。实验仪的状态可以从显示器的方式中判断，不会引起混乱。

(2) 具有单步、宏单步跟踪功能，持续按压单步STEP、宏单步SCAL键，实验仪便进入跟踪状态，以每分钟200多条指令快速执行用户程序，同时显示程序执行地址及该单元内容和累加器的内容，只要松开键便可以立刻停止，返回待命状态。

(3) QTHBUG有灵活的断点设置、单步、宏单步、自动跟踪等功能，大大提高了本机的开发功能，为用户节省了调试程序的时间。

(4) 断点的清除可以单个进行。如果操作者忘记了所设断点的地址，按压断点查找键GTBP，可以找出程序中设置的全部断点，用STBP键设置断点时，显示器会显示已设置的断点个数，以避免设置过多的断点。

(5) 在QTHBUG中，对寄存器的读写采用读/写寄存器对拼成(16位)的形式进行，按压NEXT或LAST键可以访问到所有的寄存器。NEXT和LAST具有自动连续功能，简化了操作，节省了时间。

(6) 除复位键以外，大多数键有自动连续功能，持续按键0.8秒以上，就会产生连续按键的效果，达到快速扫描、检查，简化了操作，节省了时间。

2.4　键盘操作说明

1. 硬件复位——RESET键

QTH-2008XS实验仪在上电或按下RESET键时均使系统复位，复位时程序计数器PC及SFR均被初始化为MCS-51执行复位后的内容。

在任何时刻按压复位键RESET，都会迫使实验仪进入初始化状态(与上电复位作用一样)，在复位信号有效期间，所有输出信号均无效，数据及地址总线均为三态，并且在RESET变低前每一个周期重复执行CPU内部复位。

(1) 置用户堆栈指针07H。

(2) 进入监控程序，显示器左端显示“P”表示处于待命状态，可以接受数字键和命令键输入。

(3) 清除用户断点，并进入连机通信等待状态。

2. 返回待命状态——MON键

按MON键，可使实验仪进入待命状态0，通常用MON键进行以下操作：

(1) 清除已送入显示器的数字。

(2) 退出其他操作状态。例如，退出存储器读/写状态和寄存器读/写状态等。

按MON键不会影响用户的存储区、寄存器，以及已设置的断点，也不会影响实验仪的当前模式。

3. 送数命令——16个数字键

16个数字键0～F，一般是用来向实验仪输入十六进制数字，输入的数将立刻显示在显示仪上，等待输入数字的位置通常由光标指出。数字输入后，光标就自动移到下一位，即下一位的数字闪动，表明它准备接受更改的位置，但有以下两种情况不出现光标：

(1) 在待命状态 1 时，显示的数字不够 8 位，即右边还有空格(不显示的位)，光标的位置实际在空格处，这时观察不到光标。

(2) 在特殊功能寄存器读状态时，不能修改其内容，所以这时光标不闪动。

16 数字键与寄存器标号共用一位地址表示寄存器或部分 SFR。

4. 存储器读/写命令——MEM、NEXT、LAST 键

这一组命令用来检查(读出)或更改(写入)内存单元，通过这些键盘命令操作向实验仪送入程序和数据。

先按 MON 键，使实验仪处于待命状态 0，然后输入四位表示要检查的存储器地址，再按 MEM 存储器读/写键，读出该单元的内容，实验仪便进入存储器读/写状态。

在存储器读/写状态，显示器的左边四位数字是内存单元的地址，右边两位是该单元的内容，光标(闪动的数字)表示等待修改(写入)的数字。MEM、NEXT、LAST 键的具体使用情况如表 2.1 所示。

表 2.1 MEM、NEXT、LAST 键的使用说明

按 键	显 示	说 明
MON	P	待命状态 0
0 0 1	0 0 1	检查 0010H 单元，最后一位 0 可省略不送，按 MEM 键，进入存储器
MEM	0 0 1 0 X X	读/写状态，显示 0010H 的内容 X X，光标在第七位
0	0 0 1 0 0 X	按 0 键，第七位立即被更改，并写入 0010H 单元，光标移至第八位
8	0 0 1 0 0 8	按 8 键，第八位被更改，光标重新移到第七位
1	0 0 1 0 1 8	按 1 键，第七位被修改，光标重新移到第八位
NEXT	0 0 1 1 X X	按 NEXT 键，读出下一个单元 0011H，光标移至第七位
A	0 0 1 1 A X	按 A 键，第七位被修改，光标移至第八位
LAST	0 0 1 0 1 8	按 LAST 键，读出上一个单元，光标重新移到第七位

存储器读/写状态是 QTHBUG 的一种重要状态，这时多数的命令键都具有与待命状态 1 不同的功能，请用户注意。存储器读/写状态的明显标志是：显示六位数字，第五位、第六位为空格，光标在第七位或第八位。但在待命状态 1 多输送了数字，光标也会移到第五位至第八位，这是唯一的例外。在存储器读/写状态，各功能键功能都以下排字表示。

使用 LAST 或 NEXT 键可以读出上一个或下一个存储单元，同时光标自动移到第七位。持续按 LAST 或 NEXT 键在 0.8 秒以上，实验仪便开始对内存进行向上或向下扫描，依次显示各单元地址及内容。松开按键，扫描立即停止，实验仪仍处于存储器读/写状态。利用这种功能可以快速检查某一内存区的内容，或快速移动要检查的单元，从而简化操作。

按 MON 键，可使实验仪退出存储器读/写状态返回待命状态 0，操作步骤见表 2-1。

5. 寄存器、片内 RAM 区读/写命令——REG、NEXT、LAST 键

对寄存器采取读出寄存器对或 16 位寄存器的形式，8 位寄存器也都拼成 16 位，寄存器对用代号表示(见表 2.2)。

表 2.2　一位地址表示的寄存器或部分 SFR 标号表

数字键	寄存器	用　途	数字键	寄存器	用　途
0	未使用	未使用	8	R2、R3	工作寄存器
1	未使用	未使用	9	R4、R5	工作寄存器
2	未使用	未使用	A	R6、R7	工作寄存器
3	未使用	未使用	B	DPTR	数据指针
4	SP，PSW	栈指针、状态字	C	未使用	未使用
5	PC	程序计数器	D	未使用	未使用
6	A，B	累加器、寄存器	E	未使用	未使用
7	R0，R1	工作寄存器	F	未使用	未使用

寄存器读/写状态是：显示器上五个数字，第一位数字表示寄存器对(都是 16 位)的代号，右边的 4 位数字表示该寄存器或寄存器对的内容。光标处于显示器的第五位到第八位之间。

若要对寄存器的内容进行改写，可按所需的数字键，则光标所在处的数字即被更换，光标往左移一位(若到了最左端，又重新回到起始位)。

片内 RAM 区读/写状态是：显示器上显示六个数字，左边两位是 RAM 区地址，右边四位是该地址及下一地址的内容，第三、四两位是空格。光标处于显示器的第五位与第八位之间。

若要对 RAM 区的内容进行改写，可按所需的数字键，则光标所在处的数字即被更换。按 NEXT 或 LAST 键，可查看该下一个或上一个寄存器对，RAM 区(按代号顺序排列)的内容。持续按键的时间在 0.8 秒以上时，可实现快速查找寄存器及 RAM 区。

按 MON 键，可以从寄存器 RAM 区读/写状态退回待命状态 0。

REG、NEXT、LAST 键的使用说明见表 2.3。

表 2.3　REG、NEXT、LAST 键的使用说明

按　键	显　示	说　　明
MON	P	待命状态 0
R0，R1/7	7	要检查 R0、R1 寄存器，数字键 7 是它们的代号
	R0　R1	
REG/LAST	7　X X X X	按 REG 键立即显示 R0、R1 的内容，进入寄存器读/写状态
1 2	7　1 2 X X	按数字键，光标移动，更改寄存器 R0 内容
3 4	7　1 2 3 4	更改寄存器 R1 内容
NEXT	8　X X X X	按 NEXT 键，自动读出下一个寄存器 R2、R3，它的代号是 8，光标自动移至第五位
MON	P	按 MON 键返回待命状态
7 E	7 E	送入 RAM 区地址
REG/LAST	7 E　X X X X	按 REG 键进入寄存器读/写状态，显示以 7E 为地址的内容 X X，光标在第五位
5 6	7 E　5 6 X X	按数字键，地址为 7E 的内容被更改，光标移至第七位
7 8	7 E　5 6 7 8	按数字键，地址为 7F 的内容被更改，光标回至第五位

6. 外部数据、RAM、I/O 口读/写命令——DRAM、NEXT、LAST 键

用 DRAM 键可以对扩展的外部数据存储器、I/O 口或扩展的外部 RAM 的 256 个字节的内容进行检查、读出或更改(写入)。

外部数据、RAM 和 I/O 口的读/写，一般应先按 MON 键，使实验仪进入待命状态 0。然后按所要访问的外部数据区的地址及扩展 RAM 的地址，实验仪便进入读/写状态。

数据存储器读/写的状态是：显示器上显示六个数字，左边四位数字是存储单元的地址，第五、六位空格，右边两位是该单元的内容，光标在第七位与第八位之间，表示等待修改该单元内容。

按 NEXT 或 LAST 键，可查访更改下一个或上一个单元的内容。持续按 LAST 或 NEXT 键的时间在 0.8 秒以上，可实现快速查找数据或 RAM 及 I/O 口的内容。按 MON 键，可使实验仪返回待命状态 0。DRAM、NEXT、LAST 键的使用说明见表 2.4。

表 2.4 DRAM、NEXT、LAST 键的使用说明

按 键	显 示	说 明
MON	P	待命状态 0
DRAM/OFST	P	在待命状态 0，按 DRAM/OFST 无效
1 0 0	1 0 0	按数字键，进入待命状态 1，第四位 0 可省略，但第三位 0 不能省略
DRAM/OFST	1 0 0 0 X X	按 DRAM/OFST 键，显示 1000H 数据单元内容，光标在第七位
1 2	1 0 0 0 1 2	按 1、2 键，将内容写入 1000H 数据单元
NEXT	1 0 0 1 X X	按 NEXT 键，读出下一个单元 1001H，光标重新移至第七位
3 4	1 0 0 1 3 4	按 3、4 键，将内容写入 1001H 数据单元
LAST	1 0 0 0 1 2	按 LAST 键，读出上一单元
MON	P	按 MON 键，返回待命状态
2 8	2 8	送入外部扩展 RAM 区地址
DRAM/LAST	2 8 X X X X	按 DRAM 键，进入外部扩展 RAM 寄存器读/写状态，显示以 28H、29H 为地址的内容 XXXX，光标在第五位
5 6	2 8 5 6 X X	按数字键，28H 地址的内容被更改，光标移至第七位
7 8	2 8 5 6 7 8	按数字键，29H 地址的内容被更改，光标回至第五位

7. 特殊功能寄存器检查——SFR、NEXT、LAST 键

用 SFR 键可以读出 CPU 内部特殊功能寄存器的内容。特殊功能寄存器的地址为 80H～FFH，输入地址不能小于 80H。

特殊功能寄存器检查的状态标志是：显示器上显示六个数字，第一、二数字表示特殊功能寄存器地址，第三到第六位是空格，第七、八位显示该地址单元的内容。

按 NEXT、LAST 键，可查看上一个或下一个特殊功能寄存器的内容。按 MON 键，可以从特殊功能寄存器读出状态退回待命状态 0。其操作见表 2.5。

表 2.5　SFR、NEXT 键的使用说明

按　键	显　示	说　明
MON	P	返回待命状态 0
8 0	8 0	送入特殊功能寄存器地址
SFR	8 0　　F F	按 SFR 键，进入特殊功能寄存器读出状态，80H 地址内容为 0FFH
NEXT	8 1　　0 7	按 NEXT 键，显示 81H 地址内容为 07H
MON		按 MON 键返回待命状态 0

8. 断点的设置与清除命令——STBP 键

设置断点是调试程序的一种方法。在执行用户程序的过程中，遇到断点，程序便会停下来，保护好此时的所有用户寄存器，并显示断点地址及 A 累加器和下一条指令码的内容，或显示用户设定的内容，进入待命状态 1。这时可利用各种检查命令，判断程序执行是否正确。

QTHBUG 允许用户在程序中设置 1 或 2 个断点，也可在 ROM 区设置断点，但断点应设置在每条指令的第一个字节处，否则会造成程序执行的错误。断点最多可设 2 个，强行设置第 3 个断点，将认为是非法的，实验仪将自动返回待命状态 0，第 3 个断点不被接受，但不影响前面已设置的 2 个断点，它们仍然是有效的。

断点设置键 STBP 在存储器读/写状态和待命状态 1 有效。在存储器读/写状态，若现行地址未增设过断点，按 STBP 键后，显示器最右边(第八位)立即显示已设断点个数，约 1.5 秒后，重新回到存储器读/写状态，这时断点被接受，此处断点设置完毕。若实验仪处于待命状态 0，则应先送 4 位表示断点地址的数字，然后按 STBP 键，这时的过程与上面所述一样。断点设置完毕，实验仪进入存储器读/写状态。

断点清除键也是用 STBP 键。如果现行地址(存储器读/写状态)或送入表示地址的四位数字(待命状态)处已经设置过断点，则按 STBP 键的作用就是清除该处的断点。与设置断点的区别在于使用 STBP 清除断点时，显示器不显示断点个数，实验仪便进入存储器读/写状态。用户可以根据显示器的变化来判断实验仪进行什么操作。如果实验仪与所设想的不同，例如，想在某地址设置断点，如果该地址已设置过断点，按 STBP 键反而将该处断点清除了，这时显示器不显示断点个数，从而可以判断这是误操作，但只需再按一次 STBP 键，即可恢复该处断点。这种操作设计能有效地防止在同一地址设置一个以上的断点。

断点的清除是逐个进行的，但也可以按 RESET 键将所有断点清除掉，实验仪返回待命状态 0。

9. 查找断点命令——GTBP 键

上面已提到断点的清除是逐个进行的，若已经忘记曾经在何处设置了断点，如何把断点地址找出来呢？使用 GTBP 键查找断点，可以迅速完成这一工作。

GTBP 断点查找在待命状态 1 和存储器读/写状态时有效。在存储器读/写状态按 GTBP 键，可使实验仪从现行地址开始向后查找第一个断点(不一定是第一次设置的断点)，查到之后便停下来，显示该断点地址及其内容，实验仪仍处于存储器读/写状态。这时如认为该断点需清除，便可按 STBP 键。再次按 GTBP 断点查找键，实验仪又再从现行地址开始向后

查找，找到第二个便再停下来，显示该地址(断点)及其内容，实验仪仍处于存储器读/写状态。如此反复进行，便可把全部断点查找出来。

查找断点所需的时间，随起始地址和断点的个数而定，但最长不会超过 15 秒，在查找断点过程中，MON 键不起作用。断点的设置、清除与查找操作过程见表 2.6。

表 2.6　STBP、GTBP 键的使用说明

按　键	显　示	说　明
RESET	P	清除所有断点，处于待命状态 0
2 1	2 1	准备在 2100H 处设置断点，送入断点地址，后两位 0 可省略
STBP	1	按 STBP 键，立即显示断点个数
	2 1 0 0　X X	1.5 秒后，进入存储器读/写状态
持续 NEXT	2 1 1 0　X X	快速移动到 2110 单元
STBP	2	显示断点为 2，表示该断点是所设的第 2 个断点
	2 1 1 0　X X	1.5 秒后，进入存储器读/写状态
STBP	2 1 1 0　X X	再次按 STBP 键，将该处已设置的断点清除，显示器无反应
STBP	2	第三次按 STBP 键，又将该地址重新设置断点
	2 1 0 0　X X	1.5 秒后，进入存储器读/写状态
MON	P	按 MON 键返回待命状态 0
0	0	从 0000H 开始查找，送入查找的起始地址(0 可省略)
GTBP	2 1 0 0　X X	在断点 2100H 处停下来，进入存储器读/写状态
GTBP	2 1 1 0　X X	找到下一个断点
GTBP	7 F F F　0 2	第三次按 GTBP 键，7FFF 是断点个数单元，表示有 2 个断点

10. 单步执行命令——STEP 键

单步执行键在待命状态 0、待命状态 1 和存储器读/写状态时有效。在待命状态 0，按 PC 指针单步执行程序；在待命状态 1，按显示器上的地址单步执行；在存储器读/写状态，按现行地址执行。

按 STEP 键，实验仪将依据上述三种情况，执行一条用户指令，继而显示 PC、累加器和下一条指令码的内容，进入待命状态 1，等待下一个命令。

将下列程序送入程序存储器(SRAM)：

```
1000    E4        START:     CLR     A
1001    1105      START1:    ACALL   DELAY
1003    80FC                 SJMP    START1
1005    7A02      DELAY:     MOV     R2，#02H
1007    DAFE      DELAY1:    DJNZ    R2，DELAY1
1009    04                   INC     A
100A    22                   RET
```

持续按单步键 0.8 秒以上，实验仪就进入跟踪执行状态，以每分钟 200 条指令的速度执行用户程序，同时显示程序的执行地址和累加器及下一条指令的内容，或显示用户指定单元的内容，跟踪执行程序可监视程序的运行路线。在松开按键时，便停止跟踪状态，显示程序运行终止时的PC及累加器的内容，并返回待命状态0。按MEM键，便进入存储器读/写状态。按MON键，返回到待命状态0。单步命令不会影响已设置的断点。

11. 宏单步执行命令——SCAL键

宏单步执行键在待命状态0、待命状态1和存储器读/写状态时有效。在待命状态0，按PC指针宏单步执行程序；在待命状态1，按显示器上的地址宏单步执行；在存储器读/写状态，按现行地址执行。

按SCAL键，实验仪将依据上述三种情况，执行一条用户指令，碰到程序中调用或长调用指令，将一次执行完被调用的子程序。继续显示PC和下一条指令的内容，进入待命状态1，等待下一个命令。如果在执行宏单步调用操作中，子程序中含有有条件返回、返回地址被修改、返回地址已弹出等特殊子程序，则不能使用宏单步执行指令，否则会造成出错。

持续按宏单步键0.8秒以上，实验仪就进入跟踪执行状态，以每分钟200条以上指令的速度执行用户程序，同时显示程序的执行地址和累加器及下一条指令的内容，或显示用户指定单元的内容，因此，持续按宏单步键可监视程序的运行路线。在松开按键时，便立即停止跟踪状态，显示程序运行终止时的PC和累加器及下一条指令的内容，或显示用户指定单元的内容，并返回待命状态1。操作方法见表2.7。

表2.7　STEP、SCAL键的使用说明

按　键	显　示	说　明
MON	P	待命状态0
1	1	从1000H开始单步执行，后面3个0可省略
STEP	10010011	执行第一条指令，清A累加器
STEP	1005007A	执行第二条指令，进入子程序
STEP	100700DA	执行第三条指令，A累加器为0，下一条指令为DAH
STEP	100700DA	执行第四条指令
MEM	1007　DA	按MEM键，进入存储器读/写状态
STEP	10090004	由存储器读/写状态的现行地址执行一步
STEP	100A0122	执行一步，A累加器为01H
SCAL	10030180	在非调用指令时，功能与STEP相同
SCAL	10010111	调用指令作为一步执行
SCAL	10030280	执行一步
SCAL	10010211	再执行一步

12. 执行程序命令——EXEC键

执行键EXEC在待命状态0、待命状态1和存储器读/写状态时有效。在待命状态0显示一个闪动“P”，按EXEC键，实验仪将按照用户PC所指的地址，开始执行程序；在待命状态1(送入数字后的状态)，按显示器上的地址执行程序；在存储器读/写状态，按显示器上的现行地址执行程序；在其他状态，EXEC键无效。

用EXEC键执行用户程序，在程序中遇到断点时会停下来，并保护所有的寄存器，显示断点地址和累加器的内容或显示用户指定单元的内容，并返回待命状态1。

遇到断点中止程序的执行后，若再次按EXEC键，程序会从断点地址处继续往下执行。操作方法如表2.8所示。

表 2.8　EXEC 键的使用说明

按　键	显　示	说　明
MON	P	待命状态 0
100A	1 0 0 A	输入断点地址 0025H
STBP	1	立即显示断点地址
	1 0 0 A　2 2	1.5 秒后，进入存储器读/写状态
MON	P	返回待命状态 0
1	1	输入起始地址 1000H
EXEC	1 0 0 A 0 1 2 2	连续执行程序，在 1025H 断点处停止，显示 A 累加器内容 01H，下一条指令码 22H
MON	P	返回监控

将连续执行键 EXEC、单步执行键 STEP、宏单步执行键与断点设置及清除键 STBP 互相配合使用，可方便地调试程序，节省时间。

13. 计算相对转移偏移量命令——OFST 键

OFST 键命令的功能是用来计算 MCS-51 指令系统中相对转移指令的操作数，即偏移量的值。OFST 键命令只在存储器读/写状态有效。

先在需要填入偏移量的单元上填入所要转移的(目标)地址的低字节，然后按 OFST 键，该单元的内容立即转变成所要求的偏移量，也就是自动将偏移量填入。这时实验仪仍处于存储器读/写状态，用户可继续往下送入程序。

下面举例说明操作过程：

将下列程序送入程序存储器，操作过程见表 2.9。

```
1000    E4        START:     CLR     A
1001    1105      START1:    ACALL   DELAY
1003    80FC                 SJMP    START1
1005    7A02      DELAY:     MOV     R2，#02H
1007    DAFE      DELAY1:    DJNZ    R2，DELAY1
1009    04                   INC     A
100A    22                   RET
```

表 2.9　OFST 键的使用说明

按　键	显　示	说　明
MON	P	待命状态 0
1	1	输入程序起始地址 1000H
MEM	1 0 0 0　X X	进入存储器读/写状态
E 4	1 0 0 0　E 4	送入第一条指令 E4H
NEXT 1 1	1 0 0 1　1 1	送入第二条指令 11H
NEXT 0 5	1 0 0 2　0 5	送入第三条指令 05H
NEXT 8 0	1 0 0 3　8 0	送入相对转移指令操作码
NEXT 0 1	1 0 0 4　0 1	填入相对转移目标地址低字节 01H
OFST	1 0 0 4　F C	按 OFST 键，自动填入偏移量 FCH(转移指令操作数)
NEXT 7 A	1 0 0 5　7 A	接着送下一条指令
NEXT 0 2	1 0 0 6　2 2	写入最后一条指令 RET 操作码

使用 OFST 命令键，进行偏移量的计算，应注意跳转“出界”的问题。当偏移量计算结果大于 7FH，说明是往回跳转的(减址)，否则是向前跳转(增址)的。若程序设计要往前跳转，计算结果大于 7FH，则出界了。简单办法就是把相对跳转指令改为页地址转移指令。

14. 十进制与十六进制转换命令——DEC 与 HEX 键

1) DEC 命令键

DEC 命令键的功能是将十进制数字(BCD)转换成十六进制数字。

在待命状态 0 时，按 DEC 键，显示器左边第一位显示一个“D”字，表示下面送入的就是待转换的十进制数。这时根据需要转换的十进制数按相应的数字键，先高位后低位。由于显示器位数的限制，这里约定最大只能转换 99 999 999，因此送入的十进制数字应小于 99 999 999，否则将发生溢出。

每送入 1 位数字，原先送入的数字就自动向左移位，若送入数字多于 7 位，则只有后 7 位有效，其余均自动溢出。送数完毕，按 HEX 键，便自动完成转换，在显示器左边第一位显示一个“H”字符，表示右边显示的数字就是转换结果得出的十六进制数。

若想知道它对应的十进制数(即转换前的数)是多少，只需按一下 DEC 键，就恢复到按 HEX 键前的状态，显示转换前的十进制数。若需要转换另外一个十进制数，可将该数送入，按 HEX 键即可。

在“DEC”状态(显示“D”字时)下，除了数字键 0～9 以外，只有 HEX 键和 MON 键有效(当然 RESET 键在任何状态都是有效的)，按 MON 键可使实验仪返回待命状态 0。

2) HEX 命令键

HEX 命令键的功能是将 98967F 以下的十六进制数转换成十进制数。

HEX 命令键的操作方法与十制数转换成十六进制数类似。在待命状态 0 时，按 HEX 键，立即在显示器左边第一位显示“H”字符，表示紧跟着是十六进制数。这时由高位开始，依次送入要转换的数字，送完要转换的数字后，按 DEC 键，便自动完成转换，在显示器左边第一位显示一个“D”字符，表示右边显示的数字就是转换后得出的十进制数。

在“HEX”状态(显示“H”字符)时，除 0～F 16 个数字外，只有 RESET、DEC 和 MON 键有效。按 MON 键可使实验仪返回待命状态 0。

DEC、HEX 键的使用情况见表 2.10。

表 2.10 DEC、HEX 键的使用说明

按 键	显 示		说 明
MON	P		进入待命状态 0
HEX	H		进行十六进制—十进制转换
2000	H	2 0 0 0	送入待转换的数 2000H
DEC	D	8 1 9 2	完成转换，显示结果为 8192
0000100	D	1 0 0	送入转换数 100
HEX	H	6 4	转换结果是 64H

15. 时钟显示命令——TIME 键

时钟显示命令 TIME 用来显示时间，显示格式为小时—分钟—秒钟。电脑时钟在晶振为 12 MHz 时显示正确时间，改变晶振将影响时钟精度。在待命状态 0，键入：00～23 小

时、00～59 分钟、00～59 秒钟，按下 TIME 键即计时。键入非法值(如超过 24 小时、60 分钟、60 秒钟)时，将返回待命状态 0，不能计时显示。

按 MON 键或 RESET 键复位，将中止时间显示。

16. 加载命令——LOAD 键

按 LOAD 键显示器显示“— — L O A D — —”并将装入实验的全部程序。

输入实验程序的入口地址，再按执行键(EXEC)，便开始执行相应的程序。

第三章　单片机基本应用实验

实验一 单片机实验仪操作

一、实验目的

熟悉 QTH-2008XS 单片机实验仪的使用方法。

掌握项目、文件的建立方法，寄存器、存储器内容的查看方法，以及程序的执行及断点的设置方法。

二、实验设备

QTH-2008XS 单片机实验仪一台，PC 机一台，QTH-2008XS 单片机开发环境。

三、实验练习

(1) 阅读第二章内容，学习 QTH-2008XS 单片机实验仪的键盘和软件调试环境的使用。

(2) 按照操作步骤在实验仪上实际练习。

(3) 在开发机上完成规定程序的调试。

四、程序调试

1. 拆字程序(写出单元内容)

源程序			单元	内容
ORG	0000H			
	AJMP	START		
	ORG	0050H		
START：	MOV	DPTR，#0100H	DPTR	
	MOVX	A，@DPTR	A	
	MOV	R0，A	R0	
	ANL	A，#0FH	A	
	INC	DPTR	DPTR	
	MOVX	@DPTR，A	0101H	
	MOV	A，R0	A	
	SWAP	A	A	

续表

源程序	单元	内容
ANL　　A，#OFH	A	
INC　　DPTR	DPTR	
MOVX　　@DPTR，A	0102H	
SJMP　　$		
运行程序要求： (1) 读懂源程序，写出程序实现的功能。 (2) 设置外部 RAM 0100H 单元的内容。 (3) 运行程序，观察 A、DPTR、0101H、0102H 单元的内容。		

1) 程序调试步骤

(1) 将该源程序输入 QTH-2008XS 单片机开发环境，保存文件名为**.ASM(文件名后必须加后缀 .ASM)。

(2) 对源程序进行编译。编译程序时注意：系统复位后 PC 的值为 0000H，即程序从程序存储器的 0000H 单元取指令执行。因此，可利用 ORG 0000H 进行定位。但因为程序存储器的低端有五个地址被固定地用作中断服务程序的入口地址(如 0003H 为外部中断 0 的中断服务程序入口地址，000BH 为定时器 0 的中断服务程序入口地址，000BH 为外部中断 1 的中断程序入口地址，0013H 为外部中断 1 的中断服务程序入口地址，001BH 为定时器 1 的中断服务程序入口地址，0023H 为串行口的中断服务程序入口地址)，所以在编程时，通常在这些入口地址开始的单元中，放入一条转移指令，如 ORG 0000H；AJMP START。

(3) 根据提示进行纠错。若编译程序后程序上出现红色光标，则该指令语法有错。可根据程序编译后的提示检查错误，例如：指令助记符如果正确，则助记符为蓝色，不正确则为黑色；标点符号的正确使用方法是：标号后为冒号，注释前为分号，操作数中是逗号。在输入程序时，其中的字母、符号均须在英文方式下进行，不能在智能全拼或微软拼音输入法中输入。注释可以用汉字，在程序最后需以“END”作为结束符。

(4) 当编译程序后出现绿色光标时，程序语法正确，可以将源程序装载入实验仪。

(5) 在运行程序前确定调试前的参数设置。如拆字程序中需设置外部 RAM 0100H 单元的内容，在开发环境中点击项目菜单中的变量表，然后在变量表窗口中单击右键找到增加观察项，在观察变量对话框中添加 0100H，在观察窗口中直接修改 0100H 单元的内容，如图 3.1 所示，将外部 RAM 0100H 单元设置为 45H。

(6) 确定调试方法。在调试过程中，若要观察程序最终结果或者观察硬件电路的最终现象，运行程序采用屏蔽断点全速运行调试(快捷键 Ctrl+F5)，观察程序执行后 A、R0、DPTR、R7 的变化情况；若要观察每条指令的运行结果或程序运行路径的变化过程，则采用单步运行(快捷键 F8)程序，观察每条指令的执行结果，将结果填入表格中，同时观测程序运行的路径，即 PC 值的变化与预先设置的运行路径是否一致；若要定点检查程序运行到某处的结果，则选择在程序中间设置断点运行程序，观察每段程序的执行结果与理论值是否相同。

(7) 检验程序运行结果是否正确。用理论方法得出的结果与程序运行的结果对照是否相同。若不同，则分析出错的原因并改正错误之处，重新运行程序直到结果正确。

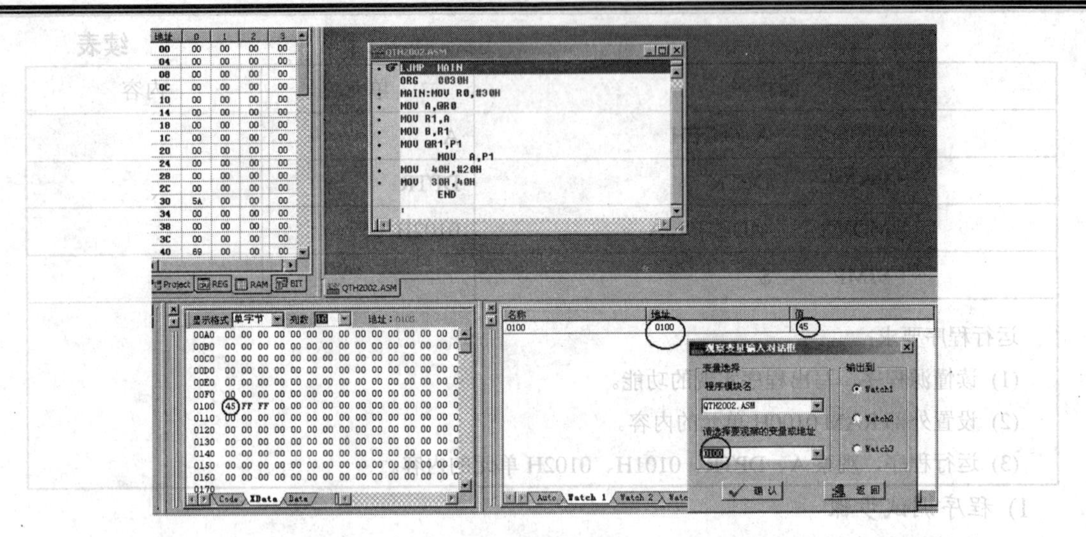

图 3.1　添加变量表窗口修改变量值

2) 调试程序说明

(1) 外部 RAM 0100H 单元内容的修改或连续地址内容的修改，可以通过在查看菜单中单击数据存储器窗口，然后在数据存储器窗口中单击鼠标右键，选择放置相同数据修改对应连续地址中的数据，如图 3.2 所示，将外部 RAM 0100H～0102H 单元设置为 FFH。

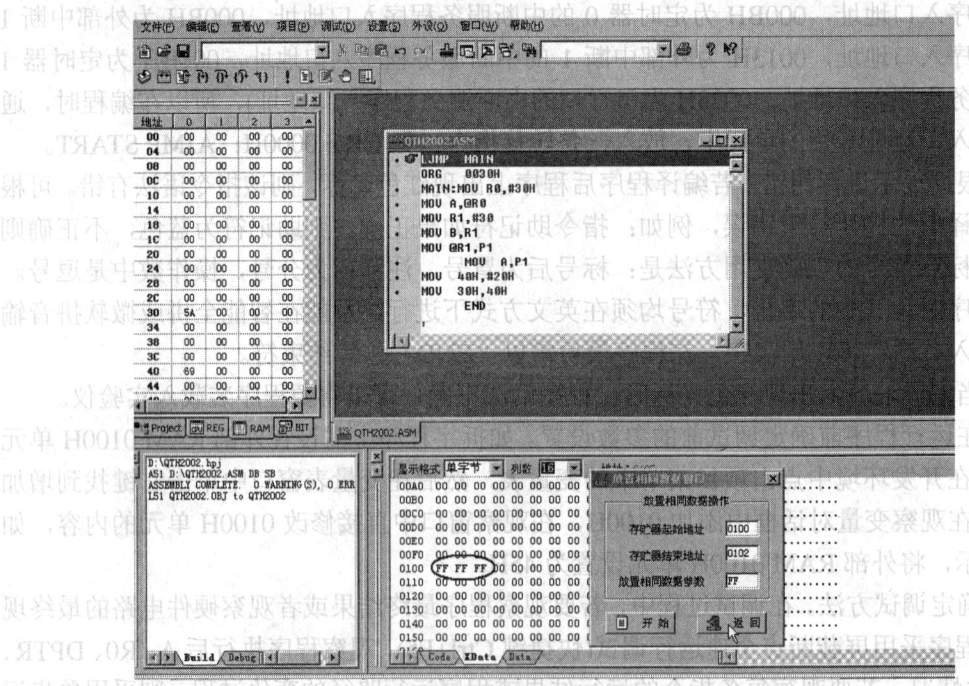

图 3.2　设置外部数据存储器连续地址内容

(2) 当运行程序观察 A、DPTR、R0 的内容时，在“查看”菜单中点击“寄存器窗口”，就可以观察寄存器内容的变化，如图 3.3 所示。

3) 思考题

(1) 外部数据存储器 0100H 单元的内容与 0101H、0102H 两个单元中的内容有什么关系？

(2) 将数据传送到外部用什么指令？用什么寻址方式？

(3) 在主程序的开始时为什么要加跳转指令？LJMP 与 AJMP 指令有什么区别？

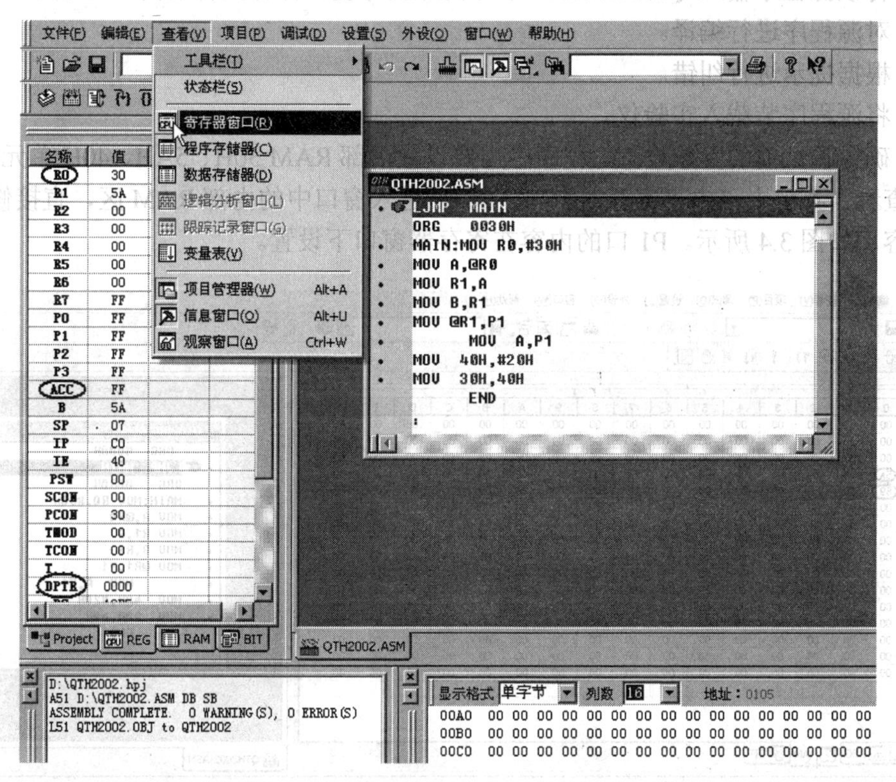

图 3.3　观察寄存器内容的变化

2. 利用实验仿真软件调试下列程序

程序要求：设 RAM(30H)=5AH，(5AH)=40H，(40H)=69H，端口 P1=7FH，执行下面指令后，观察各存储单元 R0、R1、A、B、P1、40H、30H 及 5AH 单元的内容		
源程序		
主程序		
	ORG	0000H
	LJMP	MAIN
	ORG	0030H
MAIN:	MOV	R0，#30H
	MOV	A，@R0
	MOV	R1，A
	MOV	B，R1
	MOV	@R1，P1
	MOV	A，P1
	MOV	40H，#20H
	MOV	30H，40H
	END	

1) 程序调试步骤

(1) 将该源程序输入 QTH-2008XS 单片机开发环境，保存文件名为 **.ASM。

(2) 对源程序进行编译。

(3) 根据提示进行纠错。

(4) 将源程序装载入实验仪。

(5) 确定调试前的参数设置。程序中需要设置内部 RAM 30H、5AH、40H 单元的内容，先在“查看”菜单中点击“寄存器窗口”，然后进入窗口中的内部 RAM 区，直接修改地址中的内容，如图 3.4 所示。P1 口的内容在寄存器窗口下设置。

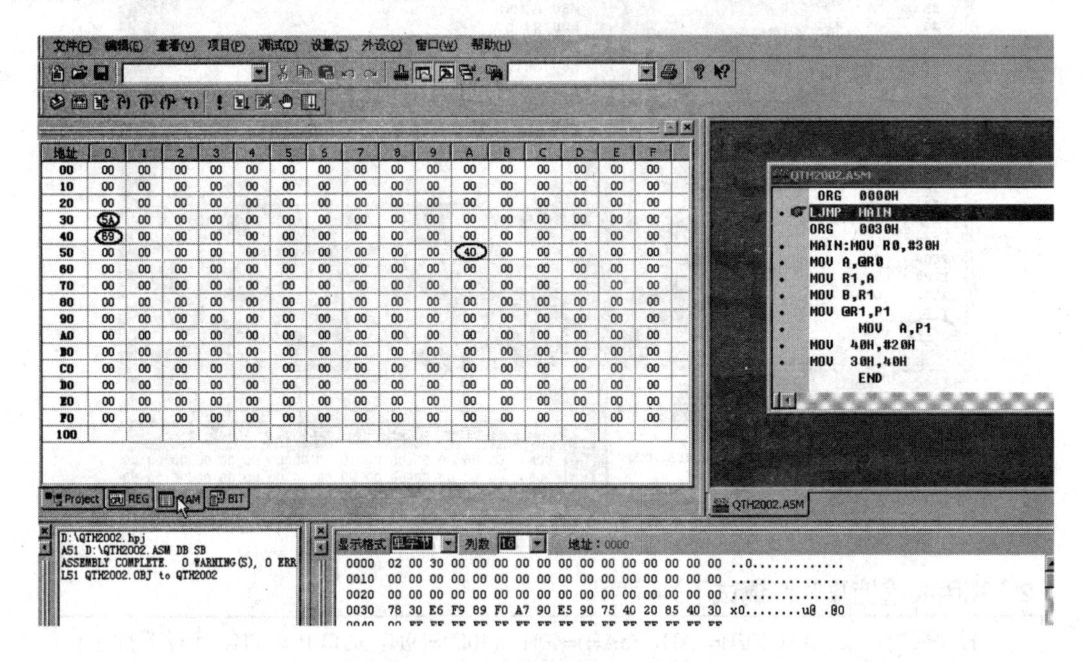

图 3.4　修改内部 RAM 单元的内容

(6) 确定调试方法。用单步运行方法调试或用中间设置断点方法运行程序。

2) 思考题

(1) 在编译程序前设置数据与编译后设置数据，运行程序的结果有什么不同？

(2) 写出存储单元 R0、R1、A、B、P1、40H、30H 及 5AH 单元的内容。

(3) 如何选择调试方法？

实验二　单片机指令练习

一、预习内容

1. 数据传送类指令

MOV	目的操作数，源操作数	；(目的地址) ⟵ 源操作数
MOVX	A，@DPTR	；(A)←((DPTR))
MOVX	A，@Ri	；(A)←((Ri))

```
MOVX    @DPTR，A          ；((DPTR))←(A)
MOVX    @Ri，A            ；((Ri))←(A)
MOVC    A，@A+DPTR        ；(A)←((A)+(DPTR))
MOVC    A，@A+PC          ；(PC)←(PC)+1，(A)←((A)+(PC))
XCH     A，direct         ；(A)⇔(direct)
XCH     A，@Ri            ；(A)⇔((Ri))
XCH     A，Rn             ；(A)⇔(Rn)
XCHD    A，@Ri            ；(A3～0)⇔((Ri)3～0)
SWAP    A                 ；(A7～4)⇔(A3～0)
```

2. 算术运算类指令

指令助记符：ADD(加法)，ADDC(带进位加法)，SUBB(带借位减法)，MUL(乘法)，DIV(除法)，INC(加 1)，DEC(减 1)，DA(十进制调整)。

3. 程序转移类指令

无条件转移指令：LJMP addr16(长转移)，AJMP addr11(短转移)，SJMP rel(相对转移)，JMP @A+DPTR(间接转移)。

条件转移指令：

```
JZ rel                       ；若(A)=0，则转移；若(A)≠0，则顺序执行
JNZ rel                      ；若(A)≠0，则转移；若(A)=0，则顺序执行
CJNE 目的操作数，源操作数，rel ；若两数相等，则顺序执行；若两数不等，则转移
DJNZ direct，rel             ；(direct)←(direct)－1，若(direct)=0，则顺序执行；若(direct)≠0，则转移
DJNZ Rn，rel                 ；(Rn)←(Rn)－1，若(Rn)=0，则顺序执行；若(Rn)≠0，则转移
```

子程序调用及返回指令：LCALL addr16(长调用)，ACALL addr11(短调用)，RET(子程序返回)，RETI(中断程序返回)。

4. 位操作类指令

```
JC rel          ；若(CY)=1，转移；若(CY)=0，则顺序执行
JNC rel         ；若(CY)=0，转移；若(CY)=1，则顺序执行
JB bit，rel     ；若(bit)=1，转移；若(bit)=0，则顺序执行
JNB bit，rel    ；若(bit)=0，1 转移；若(bit)=1，则顺序执行
JBC bit，rel    ；若(bit)=1，则(bit)←0 后转移；否(bit)=0，则顺序执行
```

二、实验练习

1. 实验目的

掌握项目、文件的建立方法，寄存器、存储器内容的查看方法，以及程序的单步执行及断点运行程序方法。

熟悉程序转移类指令、算术运算类指令的功能。

2. 实验设备

QTH-2008XS 单片机实验仪一台，PC 机一台，QTH-2008XS 单片机开发环境。

3. 实验内容

(1) 按照操作步骤在实验仪上实际练习。

(2) 在开发机上完成规定程序的调试。

(3) 回答思考题。

4. 程序调试

• 数据传送程序(写出各单元内容)

源程序	单元	内容
ORG 0000H		
LJMP MAIN		
ORG 0030H		
MAIN: MOV R7，#05H	R7	
MOV R0，#40H	R0	
MOV DPTR，#1000H	DPTR	
LOOP: MOV A，@R0	A	
MOVX @DPTR，A	1000H	
INC R0	R0	
INC DPTR	DPTR	
DJNZ R7，LOOP	R7	
RET		

运行程序要求：

(1) 读懂源程序，写出程序实现的功能。

(2) 设置内部 RAM 40H～4FH 单元的内容。

(3) 观察程序循环的次数。

(4) 观察 R7 寄存器的变化情况。

1) 程序调试步骤

(1) 将该源程序输入 QTH-2008XS 单片机开发环境，保存文件名为**.ASM。

(2) 对源程序进行编译。

(3) 根据提示进行纠错。

(4) 将源程序装载入实验仪。

(5) 确定调试前的参数设置。根据程序要求，首先要修改内部 RAM 单元的内容，在开发环境中设置 40H～4FH 单元的初始值，并修改为 00H～FFH 范围内的内容。例如：(40H)=01H，(41H)=02H，依次类推。

(6) 确定调试方法。用单步运行方法调试，观察每条指令的执行结果，观察程序执行后 A、R0、DPTR、R7 的变化情况。如果循环程序次数多，则采用设置断点的方法快速得到最终结果。

(7) 调试程序，填写表中的结果(每次循环结果)，观察程序 PC 值的变化情况和循环的次数。

2) 调试程序说明

(1) 读懂程序后，观察程序运行的结果是否正确。在实际的调试中，由于各种原因，程序运行中可能存在错误，因此必须根据执行的结果快速、有效地找到产生故障的原因并排除所有错误，直到调试出正确的结果为止。例如，数据传送程序采用单步运行(F8)程序，边运行边观察程序中单元地址(内部或外部)、工作寄存器、特殊功能寄存器中内容的变化，若运行到 MOVX @DPTR，A 指令，则 1000H 单元的内容应该是 01H，但如果结果错误，这时应该停止运行程序，查看这条指令前面的设置或指令是否正确。

(2) 程序中有循环结构，如果想快速观测程序的最终结果，可先将光标或断点设置在循环程序的第一条指令和最后一条指令处，然后运用连续运行(F5)命令或执行到光标处(F7)命令执行程序，光标或断点设置一次程序只能运行一次，如果反复设置光标或断点，就可以得到每次循环后单元的结果。例如，数据传送程序断点设置在"IF：MOV A，@R0"指令和"DJNZ R6，LOOP"指令。为提高调试速度，也可以将断点设置在循环程序的最后一条指令处，用 F7 快速将程序运行到光标处，就可以直接得到循环程序的最终结果。例如，将上面程序光标设置在 RET 指令上。如果在点击运行处出现程序不执行，有可能出现死循环等错误，此时，应考虑用单步运行的方法检查程序运行的路径是否正确。为缩短调试时间，可在调试循环程序前，将循环初始值中的循环次数改小些，例如，数据传送程序中 MOV R7，#10H 改为 MOV R7，#05H，然后通过观察运行路径和运行的结果，找出循环程序内部出现的故障并加以修改。

3) 思考题

(1) 指出程序中的循环部分，观察循环执行的次数。

(2) 如何修改循环次数和传送的数据？

(3) 观察外部 RAM 中 1000H～1010H 的内容。

● 多字节加法程序(写出各单元内容)

源程序		单元	内容
主程序			
	ORG 0000H		
	LJMP MAIN		
	ORG 0030H		
MAIN:	MOV SP，#60H	SP	
	MOV R0，#30H	R0	
	MOV R1，#40H	R1	
	CLR C		
	MOV R6，#03H	R6	
LOOP:	ACALL JF	PC　SP	
	INC R0	R0	
	INC R1	R1	
	DJNZ R6，LOOP	R6	
	MOV 20H，C	20H	

续表

源程序	单元	内容
SJMP $		
子程序		
JF:　MOV A，@R0	A	
ADDC A，@R1	A　PSW	
DA A	A	
MOV @R0，A		
RET		
运行程序要求： (1) 读懂源程序，写出程序实现的功能。 (2) 设置内部 RAM 30H、31H、32H、40H、41H、42H 单元的内容。 (3) 运行程序，观察 30H、31H、32H 单元的内容。		

1) 程序调试步骤

(1) 将该源程序输入 QTH-2008XS 单片机开发环境，保存文件名为 DZJF.ASM。

(2) 对源程序进行编译。

(3) 根据提示进行纠错。

(4) 将源程序装载入实验仪。

(5) 确定调试前的参数设置。根据程序要求，首先要修改内部 RAM 单元的内容，在开发环境中设置内部 RAM 30H、31H、32H、40H、41H、42H 单元的内容初始值，并修改为 00H～FFH 范围内的内容。例如：(30H)=4EH，(31H)=9AH，(32H)=79H，依次类推。

(6) 确定调试方法。采用单步运行程序或跳出子程序(Shift+F11)命令运行程序。

(7) 观察执行的结果并填入表中。

2) 调试程序说明

(1) 多字节加法程序中有子程序调用，在运用单步运行(F8)命令调用子程序指令时，应观察程序是否能运行到该调用指令的下一条指令处，若能，则说明子程序调用的运行过程是正确的；再检查子程序的出口内容是否正确，若两者都正确，则继续调试程序直到程序结束。若执行了调用子程序后，程序不能返回到该调用指令的下一条指令处，则查看子程序返回指令是否正确。为了提高调试速度，可以用跳出子程序(Shift+F11)命令运行程序，使程序运行时跳过子程序只运行主程序，然后查看运行的结果。

(2) 运行程序时应先读懂程序，然后观察程序运行的结果是否正确。先用单步运行(F8)程序，观察 30H 单元的内容。30H 单元中存放的是 30H 和 40H 单元设定值相加的结果，先自己手动计算结果，然后和观察的结果进行比较。如果不相同，则查找程序内部出现的故障并加以修改；如果相同，则继续调试程序，边运行边观察程序中单元地址、工作寄存器、特殊功能寄存器中内容的变化。

3) 思考题

(1) 修改程序实现 49E9H+98FCH，写出程序及执行结果。

(2) 堆栈指针 SP 的初始值是什么？在什么情况下需要用指令重新设置该指针内容？

(3) 多字节加法程序中调用子程序时 SP 堆栈指针如何变化？

(4) 程序状态寄存器 PSW 的作用是什么？常用哪些状态位？作用是什么？

- 比较数据大小程序(写出单元内容)

源程序	单元	内容
ORG　0000H		
AJMP　START		
ORG　0050H		
START：　MOV　R1，#48H	R1	
CJNE　@R1，#7FH，L1	CY　PC	
MOV　A，#55H	A	
SJMP　NEXT2		
L1：　JNC　NEXT1		
MOV　A，#0FFH		
SJMP　NEXT2		
NEXT1：　MOV　A，#0AAH		
NEXT2：　SJMP　$		
RET		
运行程序要求： (1) 读懂源程序，写出程序实现的功能。 (2) 设置内部 RAM 48H 单元的内容(设置不同的三个值)。 (3) 运行程序观察 A 单元的内容。		

1) 程序调试步骤

(1) 将该源程序输入 QTH-2008XS 单片机开发环境，保存文件名为 DZJF.ASM。

(2) 对源程序进行编译。

(3) 根据提示进行纠错。

(4) 将源程序装载入实验仪。

(5) 确定调试前的参数设置。根据程序要求，首先要修改内部 RAM 单元的内容，在开发环境中设置内部 RAM 48H 单元的内容初始值，并修改为 00H～FFH 范围内的内容，至少设置三次，分别为大于 7FH 的值、小于 7FH 的值和等于 7FH 的值。

(6) 确定调试方法。调试方法采用单步运行(F8)程序，观察程序中控制转移指令的执行情况，如果要缩短调试时间，则可以用设置断点运行(F7)程序。断点设置在 NEXT2：SJMP $指令上。

(7) 查看程序结果，填写程序运行后单元的内容。

2) 思考题

(1) 指出程序运行中的跳转位置，并说明每次跳转的条件。

(2) 调试程序的方法有几种？各有什么优点？

实验三　单片机程序设计实验

一、预习内容

1. 伪指令

在汇编源程序的过程中，有一些指令不要求计算机进行任何操作，也没有对应的机器码，不产生目标程序，不影响程序的执行，仅仅是能够帮助汇编进行的一些指令，这些指令称之为伪指令。

(1) 设置目标程序起始地址伪指令ORG。

格式：[标号：] ORG　16位地址

该伪指令的功能是规定其后面目标程序的起始地址。它放在一段源程序(主程序、子程序)或数据块的前面。

(2) 结束汇编伪指令END。

格式：[标号：]　END

该伪指令是汇编语言源程序的结束标志，表示程序结束。

(3) 定义字节伪指令DB。

格式：[标号：] DB　项或项表

该伪指令的功能是把项或项表的数值(字符则用 ASCII 码)存入从标号开始的连续存储单元中。

(4) 定义字伪指令DW。

格式：[标号：] DW 项或项表

该伪指令与 DB 的功能类似，所不同的是 DB 用于定义一个字节(8 位二进制数)，而DW 则用于定义一个字(即两个字节，16 位二进制数)。

(5) 等值伪指令EQU。

格式：[标号：] EQU 项

该伪指令的功能是将指令中项的值赋予本语句的标号。项可以是常数、地址标号或表达式。

(6) 位地址赋值伪指令BIT。

格式：[标号：] BIT 位地址

该伪指令的功能是将位地址赋予特定位的标号，经赋值后就可用指令中 BIT 左面的标号来代替 BIT 右边所指出的位。

2. 程序的结构

程序的结构可以分解为：顺序结构、分支结构、循环结构、子程序结构。

实现分支结构的指令有：JZ REL；JNZ REL；JC REL；JNC REL；JB BIT，REL；JNB BIT，REL；JBC BIT，REL；CJNZ 比较数据 1，比较数据 2，REL。

实现循环结构的指令有：DJNZ direct，rel；DJNZ Rn，rel。

子程序调用和返回的指令有：LCALL addr16；ACALL addr11；RET；RETI。

二、实验练习

(一) 存储器块清零程序设计

1．实验目的

掌握存储器读/写方法。

了解存储器块连续操作方法。

2．实验内容

(1) 指定内部 RAM 中某块的起始地址和长度，要求能将其内容清零。

(2) 指定外部 RAM 中某块的起始地址和长度，要求能将其内容清零。

(3) 指定外部 RAM 中某块的起始地址和长度，要求能将其内容置为某固定值(如0FFH)。

3．实验说明

通过本实验，学生可以了解单片机的存储器结构及读/写存储器的方法，同时也可以了解单片机编程、调试的方法。

4．实验仪器和设备

QTH-2008XS 单片机实验仪一台，PC 机一台，QTH-2008XS 单片机开发环境。

5．参考程序框图

存储器模块清零参考程序框图如图 3.5 所示。

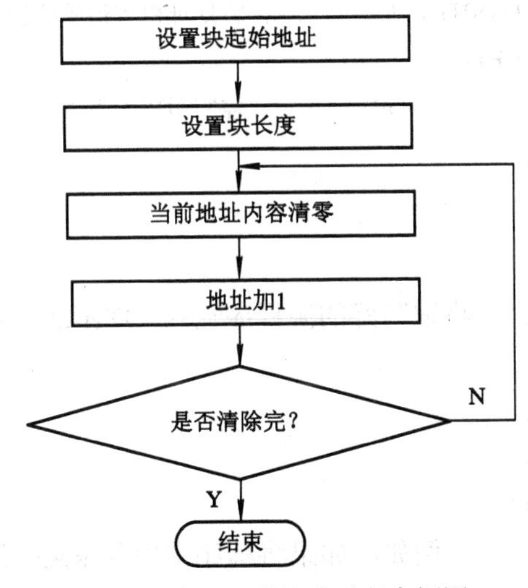

图 3.5　存储器模块清零程序框图

6．参考程序

1) 内部 RAM 数据清零

```
*****************************************************************
                /*主程序*/
*****************************************************************
```

```
         ORG     0000H
         AJMP    START
         ORG     0050H
START：  MOV     R0， #____          ；设置内部 RAM 起始地址
         MOV     R7， #____          ；设置内部 RAM 循环次数
LOOP：   MOV     @R0，#____          ；将地址内容清零
         INC     R0
         DJNZ    ____，LOOP          ；控制循环次数
         RET
         END
```

2) 外部 RAM 数据清零或置数

```
************************************************************
              /*主程序*/
************************************************************
         ORG     0000H
         AJMP    START
         ORG     0050H
START：  MOV     DPTR， #____        ；设置外部 RAM 起始地址
         MOV     R7， #____          ；设置外部 RAM 循环次数
         MOV     A，#____
LOOP：
         MOVX    @DPTR，#A           ；将地址内容清零或置数
         INC     DPTR
         DJNZ    ____，LOOP          ；控制循环次数
         RET
         END
```

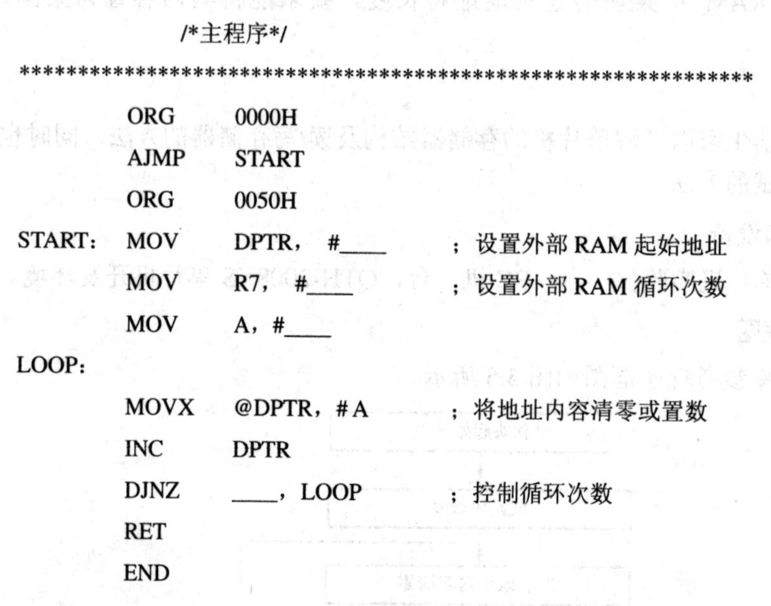

7. 调试程序步骤

(1) 填写源程序横线内容，将编写好的源程序输入 QTH-2008XS 单片机开发环境，保存文件名为 SJQL.ASM。

(2) 对源程序进行编译。

(3) 根据提示进行纠错。

(4) 将源程序装载入实验仪。

(5) 确定调试前的参数设置。例如，如果将程序中内部 RAM 地址选择为 30H～39H，则将它的内容设定为 01H～FFH。外部 RAM 用添加变量来修改为 01H～FFH 的任意值。

(6) 确定调试方法。用单步运行(F8)或者是设置断点连续执行(F5)程序。

(7) 查看程序结果。查看数据存储器中自己设置的地址内容的变化情况。

8. 思考题

(1) 分析并完成参考程序中需要填空的内容，写出调试好的程序。

(2) 写出调试程序中内部 RAM 的地址范围及设置的初始值，写出调试后的内部 RAM 地址中的结果。

(3) 写出调试程序中外部 RAM 的地址范围及设置的初始值，写出调试后的外部 RAM 地址中的结果。

(二) 二进制转换为 BCD 程序设计

1. 实验目的

掌握数值转换算法。

了解基本数值的各种表达方法。

2. 实验内容

(1) 将给定的一个单字节二进制数，转换成非压缩的二—十进制(BCD)码。

(2) 将给定的一个单字节二进制数，转换成压缩的二—十进制(BCD)码。

3. 实验说明

计算机中的数值有各种表达方式，这是计算机的基础。掌握各种数制之间的转换是一种基本功。

4. 实验仪器和设备

QTH-2008XS 单片机实验仪一台，PC 机一台，QTH-2008XS 单片机开发环境。

5. 参考程序框图

单字节二进制数转换成非压缩的二—十进制(BCD)码框图如图 3.6 所示，单字节二进制数转换成压缩的二—十进制(BCD)码框图如图 3.7 所示。

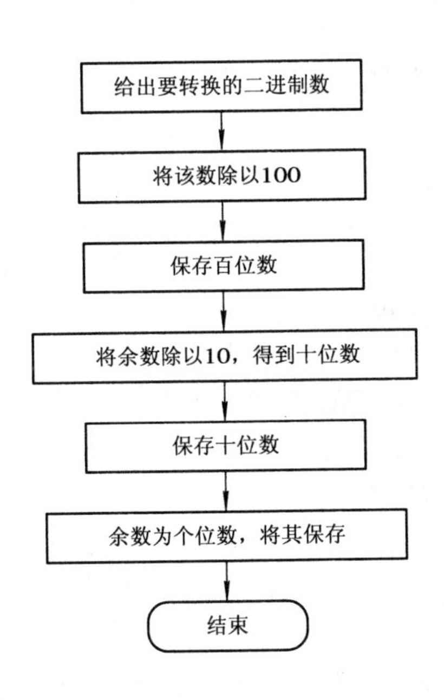

图 3.6　单字节二进制数转换成非压缩的二—十进制(BCD)码框图

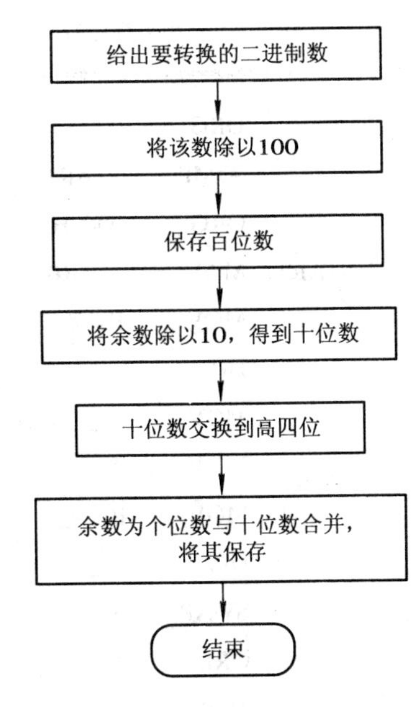

图 3.7　单字节二进制数转换成压缩的二—十进制(BCD)码框图

6. 参考程序

1) 转换成非压缩的二—十进制(BCD)码

```
**************************************************************
            /*主程序*/
**************************************************************
         ORG      0000H
         AJMP     START
         ORG      0060H
START：  MOV      A，R0
         MOV      B，#_____         ；除数为 100
         DIV      _____             ；A 的内容除以 B 的内容
         MOV      _____，A          ；将百位数存放到选定的地址中
         MOV      A，B
         MOV      B，#_____         ；除数为 10
         DIV      _____
         MOV      _____，A          ；将十位数存放到选定的地址中
         MOV      _____，B          ；将个位数存放到选定的地址中
         RET
         END
```

2) 转换成压缩的二—十进制(BCD)码

```
**************************************************************
            /*主程序*/
**************************************************************
         ORG      0000H
         AJMP     START
         ORG      0060H
START：  MOV      A，R0
         MOV      B，#_____         ；除数为 100
         DIV      _____             ；A 的内容除以 B 的内容
         MOV      _____，A          ；将百位数存放到选定的地址中
         MOV      A，B
         MOV      B，#_____         ；除数为 10
         DIV      _____
         SWAP     A
         ORL      A，B
         MOV      _____，A          ；将十位和个位数存放到选定的一个地址中
         RET
         END
```

7. 调试程序步骤

(1) 填写源程序横线内容，将编写好的源程序输入 QTH-2008XS 单片机开发环境，保存文件名为**.ASM。

(2) 对源程序进行编译。

(3) 根据提示进行纠错。

(4) 将源程序装载入实验仪。

(5) 确定调试前的参数设置。进入寄存器窗口，设定 R0 的内容为 00H～FFH 范围内的任意值。

(6) 确定调试方法。用单步运行(F8)或者设置断点连续执行(F5)程序。

(7) 观察程序结果。在寄存器窗口观察 A、B 的变化情况，在数据存储器窗口观察百位、十位、个位的结果。

8. 思考题

(1) 分析并完成参考程序中的填空内容，写出调试过的程序。

(2) 写出百位数、十位数、个位数的结果。

(3) 如何将 BCD 转换成二进制码？试编写程序。

(三) 十进制数(压缩 BCD 码)到 ASCII 码转换

1. 实验目的

了解 BCD 值和 ASCII 值的区别。

熟悉如何将 BCD 值转换成 ASCII 值，如何用查表进行数制转换及快速计算。

2. 实验内容

学生自己给出一个压缩 BCD 数(00H～99H)，分别用查表法和逻辑运算方法将其转换成 ASCII 值。

3. 实验说明

了解数值的 BCD 码和 ASCII 码的区别，学会用查表法快速地进行数制转换并进一步了解数值的各种表达方式。

4. 实验仪器和设备

QTH-2008XS 单片机实验仪一台，PC 机一台，QTH-2008XS 单片机开发环境。

5. 参考程序框图(查表法)

压缩 BCD 数转换为 ASCII 码的框图如图 3.8 所示。

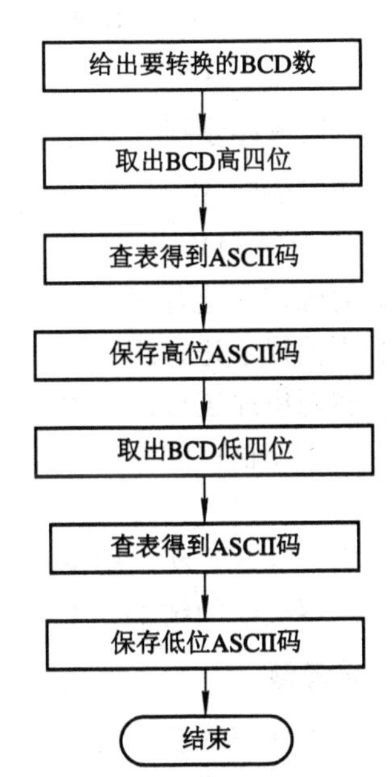

图 3.8　压缩 BCD 数转换为 ASCII 码的框图(查表法)

6. 参考程序

```
*************************************************************
                /*主程序*/
*************************************************************
          ORG     0000H
          AJMP    START
          ORG     0060H
START:    MOV     A，R1
          MOV     DPTR ，# TASC
          SWAP    A
          ANL     A，#_____           ；取出 BCD 高四位
          (             )             ；查表得到高四位 ASCII 码
          MOV     _____，A            ；将得到的 ASCII 码存放到地址中
          MOV     A，R1
          ANL     A，#_____           ；取出 BCD 低四位
          (             )             ；查表得到低四位 ASCII 码
          MOV     _____，A            ；将得到的 ASCII 码存放到地址中
          RET
TASC:     DB 30H，31H，32H，33H，34H，35H，36H
          DB 37H，38H，39H，41H，42H，43H，44H
          DB 45H，46H
          END
```

7. 调试程序步骤

(1) 填写源程序横线内容，将编写好的源程序输入 QTH-2008XS 单片机开发环境，保存文件名为**.ASM。

(2) 对源程序进行编译。

(3) 根据提示进行纠错。

(4) 将源程序装载入实验仪。

(5) 确定调试前的参数设置。进入寄存器窗口，设定 R1 的内容为 00H～99H 范围内任意值。

(6) 确定调试方法。用单步运行(F8)或者设置断点连续执行(F5)程序。

(7) 观察程序的结果。查看数据转换为 ASCII 码的结果。

8. 思考题

(1) 分析并完成参考程序中需要填空的内容，写出调试好的程序。

(2) 调试程序后写出存放高四位 ASCII 码的地址及结果，写出存放低四位 ASCII 码的地址及结果。

(3) 编程实现用逻辑运算的方法将 R1 寄存器中的内容转换为 ASCII 码。

(四) 多分支程序设计

1. 实验目的

了解程序的多分支结构。

熟悉多分支结构程序的编程方法。

2. 实验内容

变量 X 以补码的形式存放在 R0 寄存器中，变量 Y 与 X 的关系如下：

$$Y=\begin{cases}2X, & X>0\\ X, & X=0\\ X/2, & X<0\end{cases}$$

编制程序，求出 Y 数据并存放在 R1 中。

3. 实验说明

在编制程序中，对于乘 2 或除 2 的运算可用左移一位或右移一位来完成，也可以用乘法和除法指令。

4. 实验仪器和设备

QTH-2008XS 单片机实验仪一台，PC 机一台，QTH-2008XS 单片机开发环境。

5. 参考程序框图

设 X 数据存放在 R0 中，Y 数据存放在 R1 中，多分支程序设计框图如图 3.9 所示。

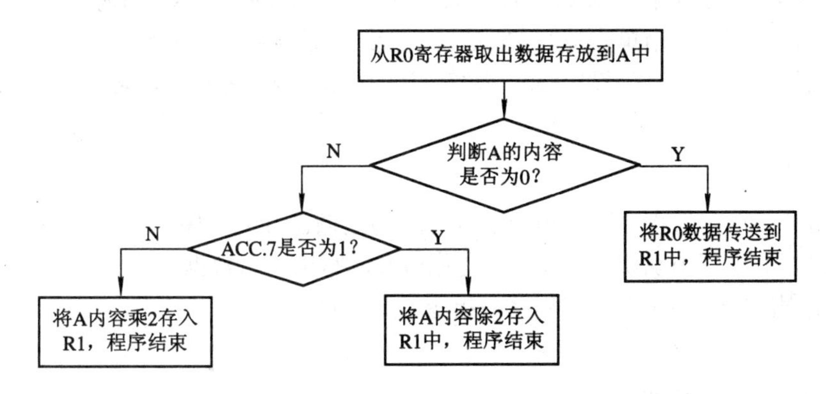

图 3.9　多分支程序设计框图

6. 参考程序

```
*************************************************************************
                /*主程序*/
*************************************************************************
        ORG     0000H
        AJMP    START
        ORG     0070H
START:  MOV     R0，#___ ；设置 R0 的内容为 00H～FFH 范围内任意值，至少设置五次
```

```
         MOV     A，R0
         MOV     B，#02H
         JZ      NEXT
NEXT1：  JB      ACC.7，NEXT2
         (          )                  ；实现乘 2
         (          )                  ；跳转到 NEXT 执行程序
NEXT2：  (          )                  ；实现除 2
NEXT：   MOV     R1，_____             ；将转换结果存放到 R1
         RET
         END
```

7. 调试程序步骤

(1) 填写源程序横线内容，将编写好的源程序输入 QTH-2008XS 单片机开发环境，保存文件名为**.ASM。

(2) 对源程序进行编译。

(3) 根据提示进行纠错。

(4) 将源程序装载入实验仪。

(5) 确定调试前的参数设置。在程序中设置 R0 的内容。例如，“MOV R0，#45H”设定 R0 的内容为 45H，或者进入寄存器窗口修改 R0 的内容。分别设五个数据，正数(小于 7FH 的数)两个，负数(大于 7FH 或者直接输入带负号的数)两个，R0 的内容设定为零一次。

(6) 确定调试方法。用单步运行(F8)或者设置断点连续执行(F5)程序。

(7) 观察程序的结果。每设定 R0 内容一次，则运行程序并观察 R1 的内容,记录五组数据。

8. 思考题

(1) 分析并完成参考程序需要填空的内容，写出调试好的程序。

(2) 调试程序过程中观察 R0、R1 的变化情况，写出五组数据。

(3) 写出程序中能够实现分支程序的指令并分析指令功能。

(五) 数据排序程序设计

1. 实验目的

了解数据排序的简单算法。

掌握数列排序的编程方法。

2. 实验内容

给出一组随机数，将此组数据排序，使之成为有序(升序)数列。

3. 实验说明

数据排序中常用的方法是“冒泡排序”法，算法是从前向后进行相邻数的比较，如果数据的大小次序与要求的顺序不符就将这两个数交换，否则不交换，通过这种相邻数的交换，使小数向前移动，大数向后移动。从前向后进行一次冒泡后，最大的数就会在数列的最后面。再进行下一轮比较，找出第二大数据，直到全部数据按升序排列，程序则冒泡结束。

4. 实验仪器和设备

QTH-2008XS 单片机实验仪一台，PC 机一台，QTH-2008XS 单片机开发环境。

5. 参考程序框图

数据排序设计参考程序框图如图 3.10 所示。

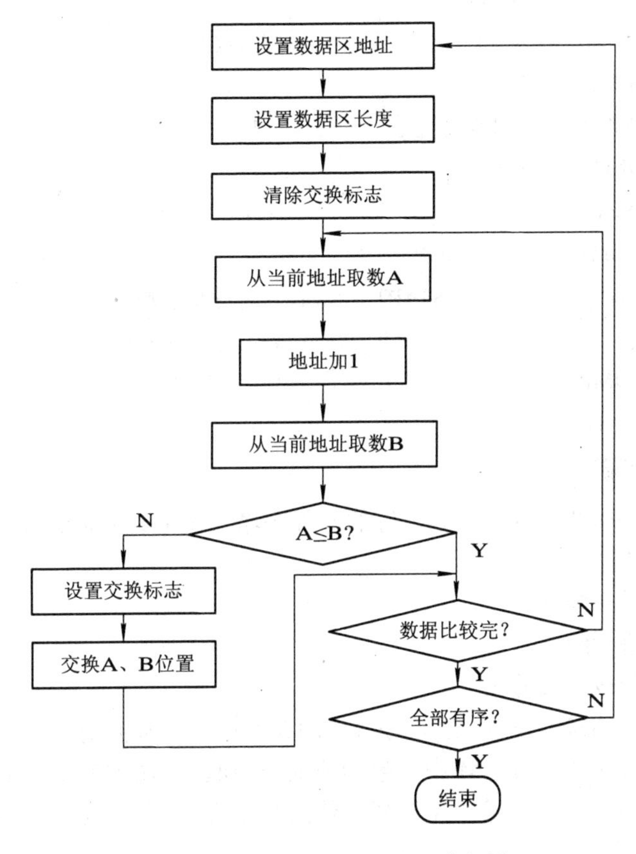

图 3.10　数据排序设计参考程序框图

6. 参考程序

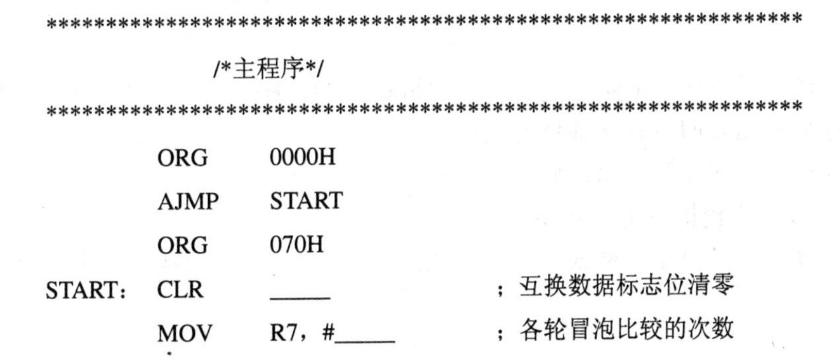

```
**********************************************************************
            /*主程序*/
**********************************************************************
        ORG     0000H
        AJMP    START
        ORG     070H
START:  CLR     _____           ；互换数据标志位清零
        MOV     R7，#_____      ；各轮冒泡比较的次数
```

```
        MOV     R0, #_____      ；数据首地址存放于R0中
LOOP:   MOV     A, @R0
        MOV     _____, A        ；暂存数据存放到某一地址
        INC     R0
        MOV     _____, @R0      ；取后面的数据存放到某一地址
        CLR     C
        SUBB    A, @R0
        JC      NEXT
        MOV     @R0, _____      ；交换数据
        DEC     R0
        MOV     @ R0, _____     ；交换数据
        INC     R0
        SETB    _____           ；置交换标志位为1
NEXT:   DJNZ    R7, LOOP
        JB      _____, START    ；判断是否有交换；若有，则进行下一轮冒泡，
                                ；若没有，则程序已经排好顺序
        SJMP    $               ；程序冒泡结束
        END
```

7. 调试程序步骤

(1) 填写源程序横线内容，将编写好的源程序输入 QTH-2008XS 单片机开发环境，保存文件名为**.ASM。

(2) 对源程序进行编译。

(3) 根据提示进行纠错。

(4) 将源程序装载入实验仪。

(5) 确定调试前的参数设置。选定好排序的起始地址和数据的个数后，在相应的地址修改内容，例如，选定在片内 RAM 中，起始地址为 40H 的 16 个单元中存放 16 个无符号数据进行升序排序。在“查看”菜单中选择“数据存储器”，找到 40H～4FH 地址修改内容为 00H～FFH 范围内任意值。

(6) 确定调试方法。用单步运行(F8)或者设置断点连续执行(F5)程序。

(7) 观察程序执行结果。观察 40H～4FH 地址中数据的变化情况。

8. 思考题

(1) 分析并完成参考程序中的填空内容，写出调试好的程序。

(2) 调试程序后写出 40H～4FH 地址的结果。

(3) 修改程序实现降序排序，写出修改方法。

(4) 如何用 CJNE 比较指令实现升序排序？

(5) 试编程实现在内部 RAM 的 20H 单元开始的 10 个无符号数中找出最大值存入 BIG 单元。

实验四　单片机 I/O 控制实验

一、预习内容

1. I/O 的功能

(1) P0 口功能：地址/数据分时复用功能。

当 P0 口作为地址/数据分时复用总线时，可分为两种情况：一种是从 P0 口输出地址或数据；另一种是从 P0 口输入数据。通用 I/O 接口功能具有输入、输出、端口操作三种工作方式，每一位口线都能独立地用作输入线或输出线。

(2) P1 口功能：P1 只有一种功能(对 MCS-51 系列)，即通用 I/O 接口，具有输入、输出、端口操作三种工作方式，每一位口线都能独立地用作输入线或输出线。

(3) P2 口功能：P2 口具有通用 I/O 接口或高 8 位地址总线输出两种功能。

(4) P3 口功能：P3 口可作为通用准双向 I/O 接口，同时每一根线还具有第(2)功能。

2. 软件和硬件结合调试应注意的问题

编写汇编语言程序的目的是使程序能在系统应用板上运行，与硬件配合达到系统要求。要运行程序必须经过调试过程，排除编写出现的语法错误和算法错误。软件和硬件结合的调试需要注意以下问题：

(1) 程序中使用的单元地址、扩展地址、扩展端口地址应从硬件电路准确计算得到，并准确使用单元地址。

(2) 堆栈是保护现场、数据传递的重要工具，但若使用不当将会造成数据的混乱，甚至破坏程序的正常运行。例如，在调试子程序或中断服务时，程序返回指令应该准确地恢复断点地址到 PC 中，若子程序中 PUSH 和 POP 指令没有成对使用，就会造成 PC 不能正确恢复，致使程序不能返回断点处继续执行。

(3) 对于子程序、中断服务子程序的源程序需要对相应的子程序地址进行定位，如外部中断服务子程序用 ORG 0003H 对子程序定位，同时使用 LJMP 指令以越过中断服务子程序。

二、实验练习

(一) P1 口输入/输出实验

1. 实验目的

熟悉 P1 口的控制方法。

学习延时子程序的编程方法。

2. 实验仪器和设备

QTH-2008XS 单片机实验仪一台，PC 机一台，QTH-2008XS 单片机开发环境，8 根导线。

3. 实验内容

(1) P1 口是一个准双向口，它作为输出口，外接 8 个发光二极管，编写程序，使发光二极管循环左移点亮(其输入端为低电平时，发光二极管点亮)。

(2) 要求编写程序模拟一时序控制装置。P1 口的 P1.0～P1.7 分别接 8 个发光二极管。开机后第一秒钟 L1、L3 亮，第二秒钟 L2、L4 亮，第三秒钟 L5、L7 亮，第四秒钟 L6、L8 亮，第五秒钟 L1、L3、L5、L7 亮，第六秒钟 L2、L4、L6、L8 亮，第七秒钟 8 个二极管全亮，第八秒钟全灭，以后又从头开始，一直循环下去。

4．实验连线

将单片机实验仪中 89C51 的 P1.0～P1.7 连接到 L8～L1。P1 口输入/输出实验连线电路图如图 3.11 所示。

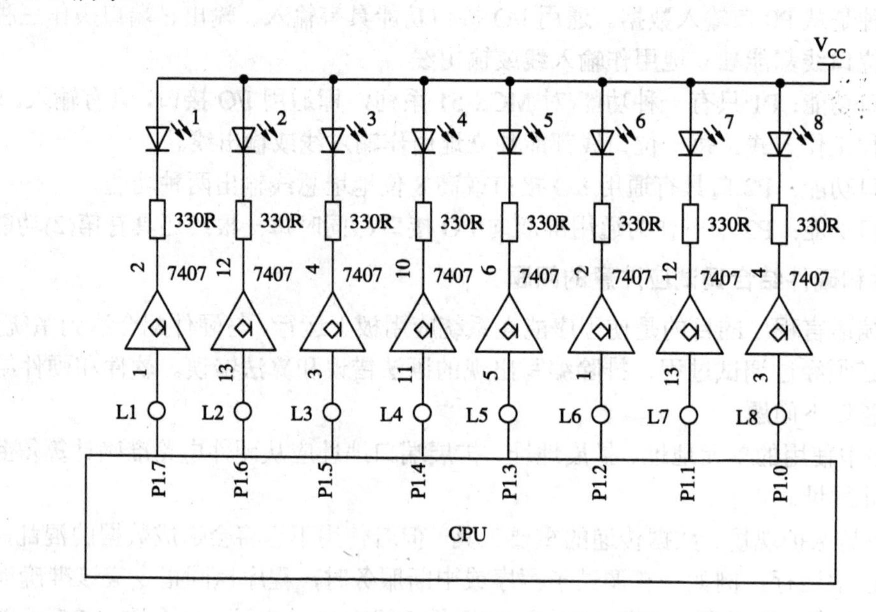

图 3.11　P1 口输入/输出实验连线电路图

5．实验说明

(1) P1 口是准双向口。它作为输出口时与一般的双向口的使用方法相同。由准双向口结构可知，当 P1 口用作输入口时必须先对它置“1”，若不先对它置“1”，读入的数据是不正确的。

(2) 延时子程序的延时计算问题。

```
Delay：MOV   R7，#200
DEL1：MOV    R6，#123
      NOP
DEL2：DJNZ   R6，DEL2
      DJNZ   R7，DEL1
      RET
```

对于上述程序查指令表可知，执行 MOV 指令需用一个机器周期，执行 DJNZ 指令需用两个机器周期，在 12 MHz 晶振时，一个机器周期时间长度为 1 μs，所以该段程序执行时间为

$$[1+(1+1+2\times 123+2)\times 200+2]\times 1\times 10^{-6}\ \text{s}\approx 50\ \text{ms}$$

6．实验程序框图

(1) P1口控制8个灯循环点亮的框图如图3.12所示。

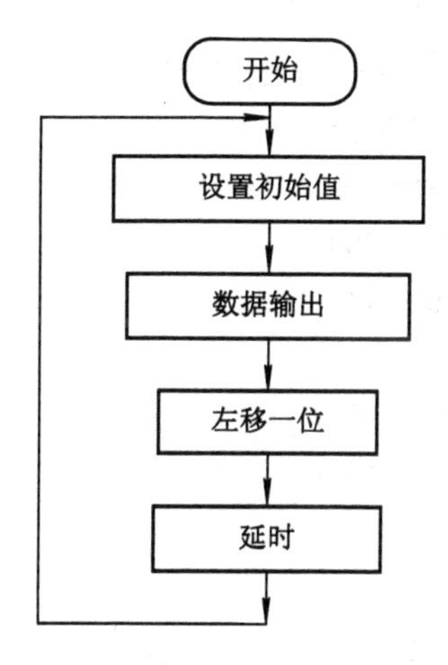

图3.12　P1口控制8个灯循环点亮的框图

(2) 模拟时序控制装置框图如图3.13所示。

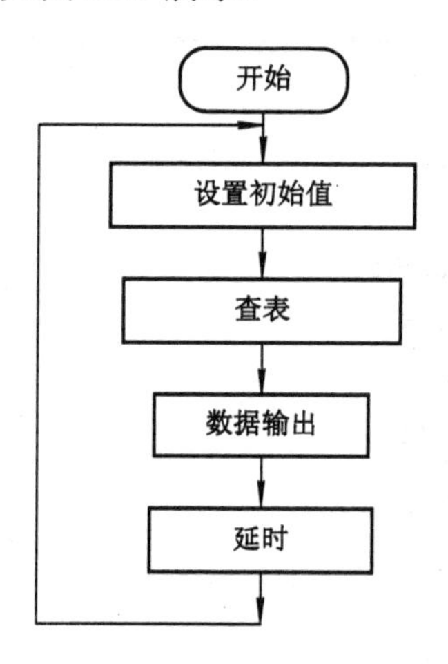

图3.13　模拟时序控制装置框图

7．参考程序

(1) P1口控制8个灯循环点亮。

```
*****************************************************************
                /*主程序*/
*****************************************************************
          ORG     0000H
          AJMP    START
          ORG     0070H
START：   MOV     P1，#0FFH
          MOV     A，#01H
LOOP：    MOV     P1，A
```

```
        (        )                  ；循环左移或循环右移指令
        LCALL   DELAY-50MS
        SJMP  LOOP
*************************************************************
              /*50 ms 延时子程序*/
*************************************************************
DELAY-50MS：MOV      R7，#200
    DEL1：   MOV      R6，#123
             NOP
    DEL2：   DJNZ     R6，DEL2
             DJNZ     R7，DEL1
             RET
             END
```

(2) 模拟时序控制装置。

```
*************************************************************
              /*主程序*/
*************************************************************
          ORG       0000H
          AJMP      START
          ORG       0070H
START：   MOV       P1，#0FFH
          MOV       DPTR，#_____          ；设置表格首地址
          MOV       R4，#_____            ；每轮循环的次数
LOOP：    MOV       R0，#00H
LOOP1：   MOV       A，R0
          (MOVC _______ )                 ；查表指令
          MOV       P1，A
          INC       R0
          LCALL     DELAY-1S
          (DJNZ ______ )                  ；控制循环次数为 8 次
          SJMP      LOOP
TAB：     DB 0faH，0f5H，0afH，5fH，0aaH，55H，00H，0ffH
*************************************************************
              /*1 s 延时子程序*/
*************************************************************
DELAY-1S：    MOV  R5，# _____            ；控制 50 ms 循环的次数
    DEL：     MOV  R7，#200
    DEL1：    MOV  R6，#123
              NOP
    DEL2：    DJNZ  R6，_____             ；内循环转移地址
```

```
        DJNZ   R7，_____            ；次循环转移地址
        DJNZ   R5，_____          ；外循环转移地址
        RET
        END
```

8．调试程序步骤

(1) 填写源程序横线内容，将编写好的源程序输入 QTH-2008XS 单片机开发环境，保存文件名为**.ASM。

(2) 对源程序进行编译。

(3) 根据提示进行纠错。

(4) 将源程序装载入实验仪。

(5) 确定调试前的参数设置。模拟时序控制装置实验中的每轮循环的次数，该次数可以在程序中设定，也可以直接通过“查看”菜单中的“寄存器窗口”修改 R4 的内容。

(6) 确定调试程序方法。用屏蔽断点全速运行(Ctrl+F5)或者设置光标执行到光标处(F7)的方法调试程序。对延时子程序采用跟踪单步执行的方法调试。

(7) 查看程序执行结果。观察程序执行后与实验要求的结果是否一致，P1 口控制 8 个灯循环点亮实验，如果灯不亮，则查看主程序跳转指令是否正确，如果只有一个灯点亮不循环，则查看延时子程序返回或 DJNZ 指令的跳转定位是否正确。观察 P1 口控制 8 个灯循环点亮中灯的循环顺序是否为左移。模拟时序控制装置实验 8 种状态是否显示正确，8 种状态能否重复执行。

9．思考题

(1) 分析并完成参考程序需要填空的内容，写出调试好的程序。

(2) 如果在程序中不加延时子程序会出现什么现象？

(3) 计算模拟时序控制装置参考程序中延时子程序的延时时间。

(4) 修改时序控制要求。要求控制 8 个灯左移 8 次后，右移 8 次，然后又左移 8 次，依次循环下去，灯移动间隔时间为 0.5 秒，试编写程序。

(二) P1、P3 口输入/输出实验

1．实验目的

掌握 P1、P3 口的使用方法和 I/O 编程方法。

2．实验仪器和设备

QTH-2008XS 单片机实验仪一台，PC 机一台，QTH-2008XS 单片机开发环境，16 根导线。

3．实验内容

P3 口作为输入口，读取开关状态：P1 口作为输出口，连续运行程序；发光二极管显示开关状态。

4．实验连线

将单片机实验仪中 89C51 的 I/O 口 P1.0～P1.7 连接到 L8～L1，P3.0～P3.7 连接到开关 K08～K01 上。P1、P3 口输入/输出实验连线电路图如图 3.14 所示。

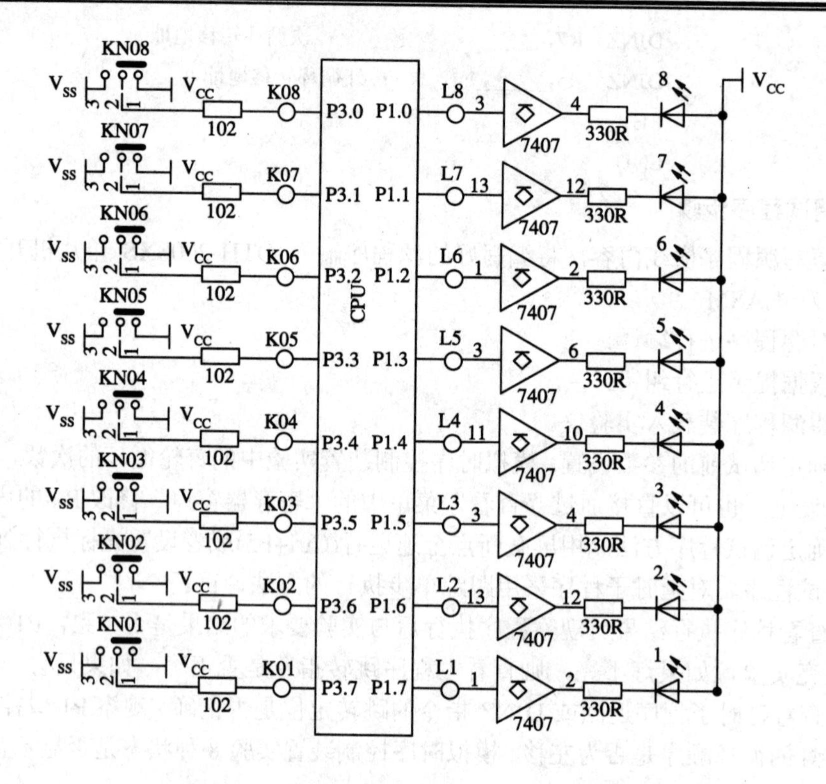

图 3.14　P1、P3 口输入/输出程序设计框图

5. 实验程序流程图

P1、P3 口输入/输出程序设计流程图如图 3.15 所示。

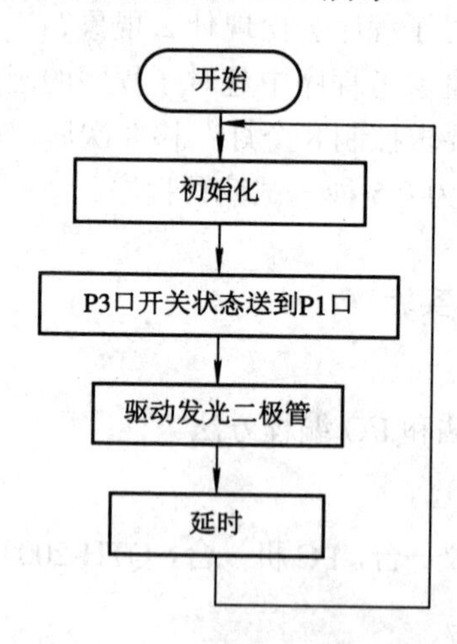

图 3.15　P1、P3 口输入/输出程序设计流程图

6. 思考题

(1) 写出调试好的程序。

(2) I/O 口作为输入端时应注意什么？

(3) 计算程序中延时子程序的延时时间，如果延时时间太长会出现什么现象？

(4) 如果将 P3 口开关中的读入数据取反后送到 P1 口的发光二极管显示，程序如何修改？

实验五 中断系统实验

一、预习内容

1. 8051 单片机

8051 单片机有五个中断请求源，分别为：两个外部输入中断源 $\overline{\text{INT0}}$ (P3.2) 和 $\overline{\text{INT1}}$ (P3.3)；两个片内定时器 T0 和 T1 的溢出中断 TF0(TCON.5)或 TF1(TCON.7)；一个片内串行口发送或接收中断源 TI(SCON.1)或 RI(SCON.0)。

2. 中断主要的控制寄存器

中断主要有四个控制寄存器，分别如下所述。

1) TCON(88H)控制寄存器

TCON 为定时器/计数器 T0 和 T1 的控制寄存器，同时也锁存 T0 和 T1 的溢出中断标志及外部中断 INT0 和外部中断 INT1 的中断标志，如表 3.1 所示。

表 3.1 TCON 中的中断标志位

位地址	8FH	8EH	8DH	8CH	8BH	8AH	89H	88H
位定义名	TF1	TR1	TF0	TR0	IE1	IT1	IE0	IT0

IT0(IT1)：选择外部中断 $\overline{\text{INT0}}$ 触发方式。当 IT0=0 时，为电平触发方式(低电平有效)。当外部引脚 $\overline{\text{INT0}}$ 为 0 时，直接向 CPU 申请中断。当 IT0=1 时，为边沿触发方式(下降沿有效)。当外部引脚 $\overline{\text{INT0}}$ 为下降沿时，中断有效。

IE0(IE1)：外部中断 $\overline{\text{INT0}}$ 中断请求标志。当 IT0=1，$\overline{\text{INT0}}$ 为下降沿时，硬件置 IE0=1，由 IE0 向 CPU 申请中断，进入服务后自动清除 IE0。当 IT0=0，$\overline{\text{INT0}}$ 为低电平时，硬件置 IE0=1，由 IE0 向 CPU 申请中断。

2) SCON(98H)控制寄存器

SCON 为串行口控制寄存器，其低 2 位为 RI 和 TI，RI 为接受中断请求标志位，TI 为发送中断请求标志位。SCON 中 TI 和 RI 的格式如表 3.2 所示。

表 3.2 SCON 中的中断标志位

位地址							99H	98H
位定义名							TI	RI

3) IE(A8H)控制寄存器

中断允许寄存器 IE 对中断的开放和关闭实现两级控制，当 EA=0 时，屏蔽所有的中断申请，即任何中断申请都不接受；当 EA=1 时，CPU 开放中断，但五个中断源是否允许中断，还要由 IE 的低 5 位控制位的状态进行控制，当标志位设置为 1 时，允许中断；设置为 0 时，禁止中断，如表 3.3 所示。

表 3.3　中断允许控制位

位地址	AFH	AEH	ADH	ACH	ABH	AAH	A9H	A8H
位定义名	EA			ES	ET1	EX1	ET0	EX0

EA：开放/禁止所有中断，“1”开放，“0”禁止。

ES：开放/禁止串行通道中断，“1”开放，“0”禁止。

ET1：开放/禁止定时器 1 溢出中断，“1”开放，“0”禁止。

EX1：开放/禁止外部中断源 1 中断，“1”开放，“0”禁止。

ET0：开放/禁止定时器 0 溢出中断，“1”开放，“0”禁止。

EX0：开放/禁止外部中断源 0 中断，“1”开放，“0”禁止。

4) IP(B8H)控制寄存器

89C51 有两个中断优先级。每一个中断请求源当标志位为 1 时，设置为高优先级中断；当标志位为 0 时，设置为低优先级中断。中断优先级寄存器 IP 标志位如表 3.4 所示。

表 3.4　中断优先级标志位

位地址	BFH	BEH	BDH	BCH	BBH	BAH	B9H	B8H
位定义名				PS	PT1	PX1	PT0	PX0

3. 中断服务程序入口地址

中断源	中断入口地址
INT0 外部中断 0	0003H
T0　定时/计数器 0	000BH
INT0　外部中断 1	0013H
T1　定时/计数器 1	001BH
串行口	0023H

4. 编写中断服务程序应注意的问题

(1) 两相邻中断服务程序起始地址之间只相距 8 个字节，而一般服务程序长度会超过 8 个字节，为了避免和下一个中断地址相冲突，常用一条跳转指令，将程序转移到另外的某一区间。

(2) 若要在执行当前程序时禁止更高优先级中断，则应用软件关闭 CPU 中断，或屏蔽更高中断源的中断，在中断返回前再开放中断。

(3) 由于中断服务程序要使用有关的寄存器，因此 CPU 在中断之前要保护这个寄存器的内容，即保护现场，而在中断返回时又要使它们恢复原值，即恢复现场。

(4) 中断请求标志位清除的方法：执行中断程序能自动清除的标志位有 TF0、TF1、IE0(边沿触发)、IE1(边沿触发)。执行中断程序不能自动清除的标志位有 TI、RI、IE0(电平触发)、IE1(电平触发)。TI、RI 标志位的清零必须通过在中断程序中设置清 0 指令(CLR TI; CLR RI)，IE1(电平触发)标志位的清零可以通过外接电路来撤除引脚的低电平。

二、实验练习

(一) 外部中断$\overline{\text{INT0}}$控制实验

1．实验目的

熟悉中断控制寄存器的功能和中断编程的方法。

掌握外部中断的应用。

2．实验仪器和设备

QTH-2008XS 单片机实验仪一台，PC 机一台，QTH-2008XS 单片机开发环境，9 根导线。

3．实验内容

用外部中断$\overline{\text{INT0}}$(P3.2)控制发光二极管，当$\overline{\text{INT0}}$(P3.2)为高电平时，发光二极管就会出现常亮；当$\overline{\text{INT0}}$(P3.2)为低电平时，L1～L8 灯循环左移，中间间隔时间为 50 ms。

4．实验连线

P1 口接 8 个发光二极管，P1.0～P1.7 连接到 L8～L1，外部中断$\overline{\text{INT0}}$(P3.2)接拨动开关 K01，如图 3.16 所示。

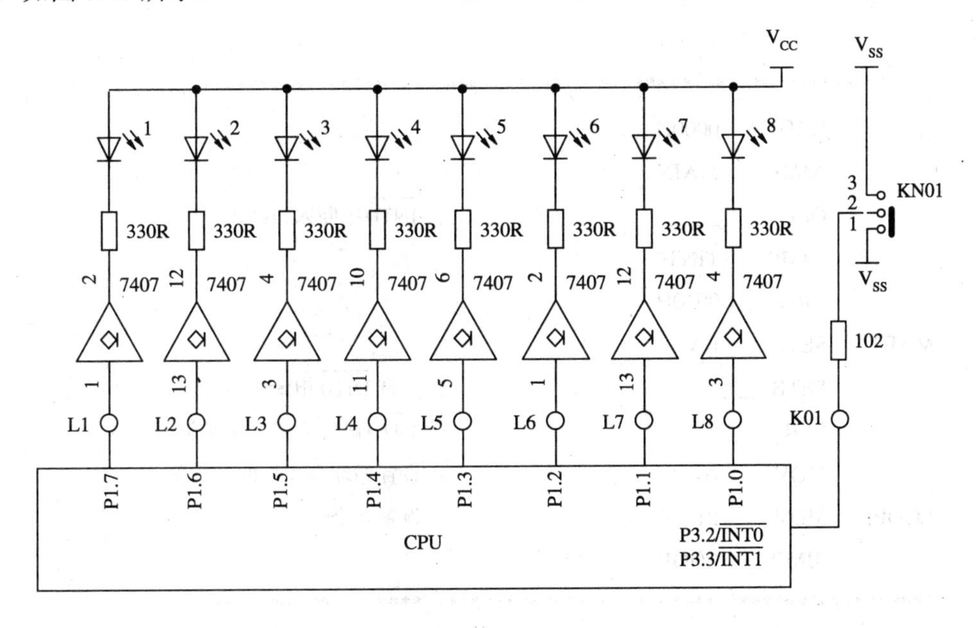

图 3.16　外部中断$\overline{\text{INT0}}$控制电路图

5．实验流程图

外部中断$\overline{\text{INT0}}$控制流程图如图 3.17 所示。

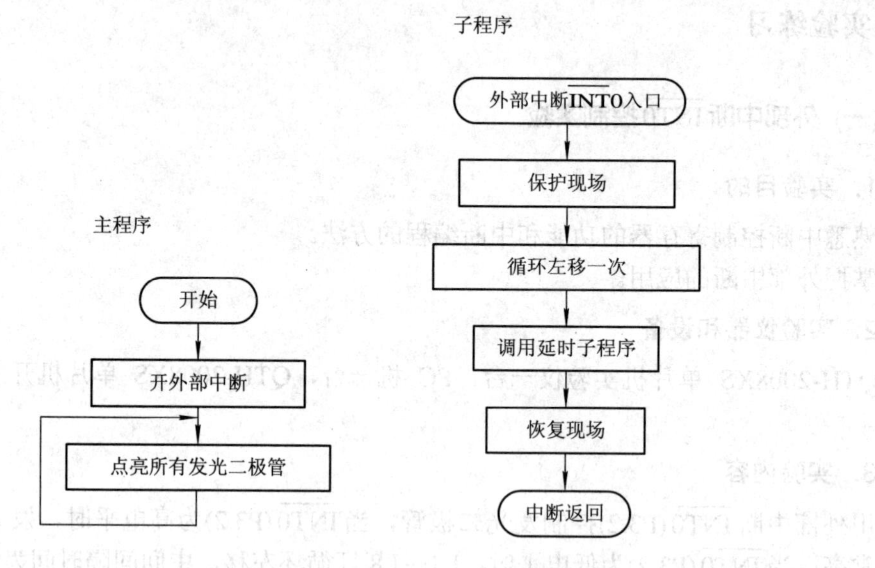

图 3.17　外部中断$\overline{INT0}$控制流程图

6．实验参考程序

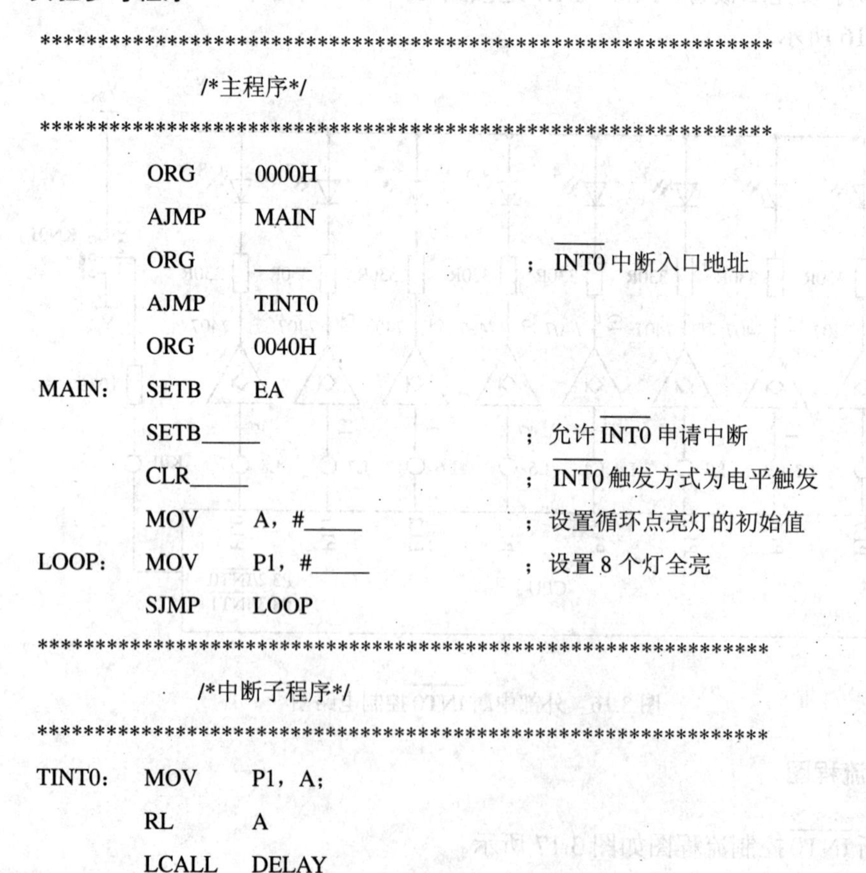

```
************************************************************
            /*主程序*/
************************************************************
        ORG     0000H
        AJMP    MAIN
        ORG     _____              ；INT0 中断入口地址
        AJMP    TINT0
        ORG     0040H
MAIN：  SETB    EA
        SETB_____                  ；允许 INT0 申请中断
        CLR_____                   ；INT0 触发方式为电平触发
        MOV     A，#_____          ；设置循环点亮灯的初始值
LOOP：  MOV     P1，#_____         ；设置 8 个灯全亮
        SJMP    LOOP
************************************************************
            /*中断子程序*/
************************************************************
TINT0： MOV     P1，A；
        RL      A
        LCALL   DELAY
```

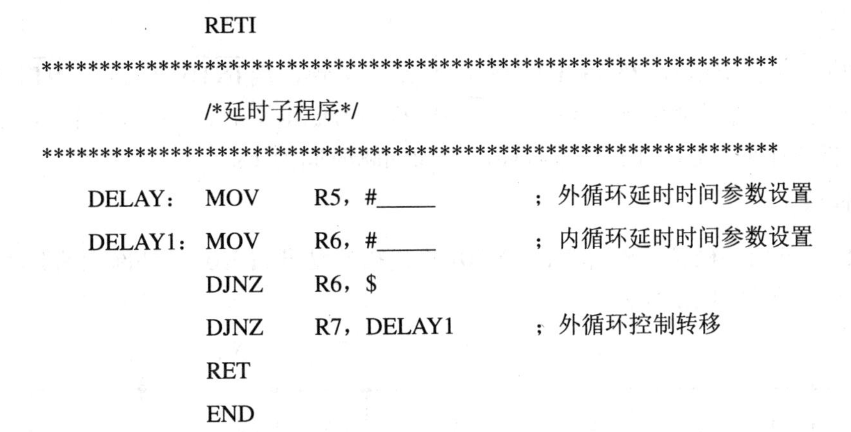

```
            RETI
************************************************************
            /*延时子程序*/
************************************************************
DELAY:      MOV     R5，#_____          ；外循环延时时间参数设置
DELAY1:     MOV     R6，#_____          ；内循环延时时间参数设置
            DJNZ    R6，$
            DJNZ    R7，DELAY1          ；外循环控制转移
            RET
            END
```

7．调试程序步骤

(1) 填写源程序横线内容，将编写好的源程序输入 QTH-2008XS 单片机开发环境，保存文件名为**.ASM。

(2) 对源程序进行编译。

(3) 根据提示进行纠错。

(4) 将源程序装载入实验仪。

(5) 确定调试程序方法。用屏蔽断点全速运行(Ctrl+F5)或者设置光标执行到光标处(F7)的方法运行程序。将 K01 开关设为高电平，屏蔽断点全速运行程序，观察灯是否全亮。再将 K01 开关置为低电平，观察灯是否左移点亮。

(6) 查看程序执行结果。若灯不能循环，则查看中断设置、中断返回是否正确。

8．思考题

(1) 分析并完成参考程序需要填空的内容，写出调试好的程序。

(2) 简述实验调试出现的现象，当 $\overline{\text{INT0}}$ 为高电平时，灯的变化情况；当 $\overline{\text{INT0}}$ 为低电平时，灯的变化情况。

(3) 简述中断响应的过程。

(4) 程序响应中断后，能否自动清除对应的中断请求标志？

(5) 如果用外部中断 INT1(P3.3)控制发光二极管，程序应如何修改？

(二) $\overline{\text{INT0}}$ 和 $\overline{\text{INT1}}$ 两个中断源控制实验

1．实验目的

熟悉中断控制寄存器的功能。

掌握两个外部中断源同时中断时的编程方法。

2．实验仪器和设备

QTH-2008XS 单片机实验仪一台，PC 机一台，QTH-2008XS 单片机开发环境，10 根导线。

3. 实验内容

用外部中断$\overline{\text{INT0}}$(P3.2)、$\overline{\text{INT1}}$(P3.3)控制发光二极管，当$\overline{\text{INT0}}$(P3.2)和$\overline{\text{INT1}}$(P3.3)为高电平时，发光二极管就会出现常亮；当$\overline{\text{INT0}}$(P3.2)为低电平时，L1～L8 循环左移，当$\overline{\text{INT1}}$(P3.3)为低电平时，L1～L8 循环右移，中间间隔时间为 1 s。

4. 实验连线

P1 口接 8 个发光二极管，外部中断$\overline{\text{INT0}}$(P3.2)接拨动开关 K01，外部中断$\overline{\text{INT1}}$(P3.3)接拨动开关 K02，如图 3.18 所示。

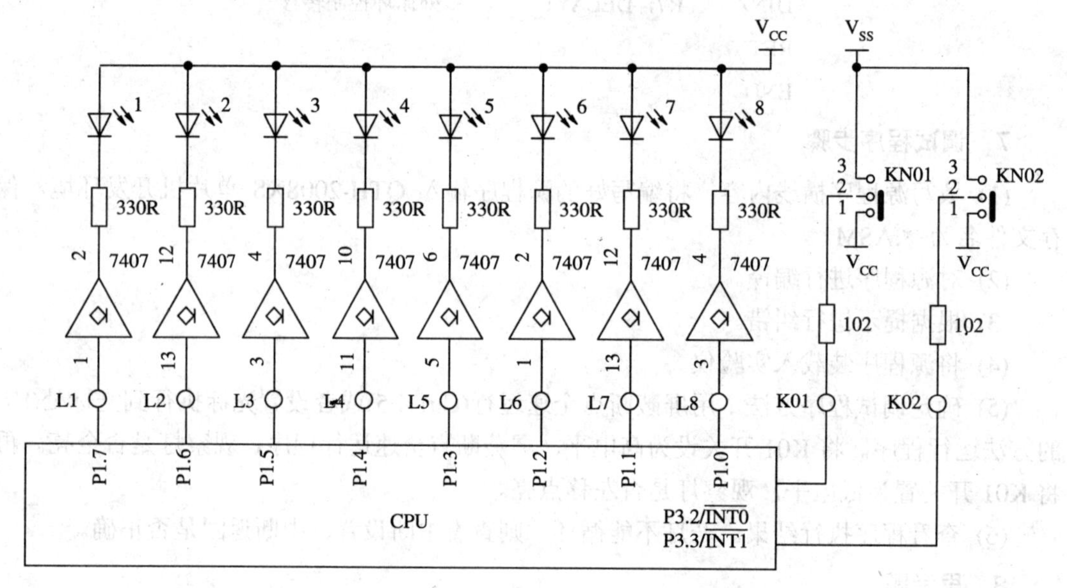

图 3.18　$\overline{\text{INT0}}$、$\overline{\text{INT1}}$控制发光二极管电路图

5. 实验流程图

用外部中断$\overline{\text{INT0}}$(P3.2)、$\overline{\text{INT1}}$(P3.3)控制发光二极管程序设计流程图如图 3.19 所示。

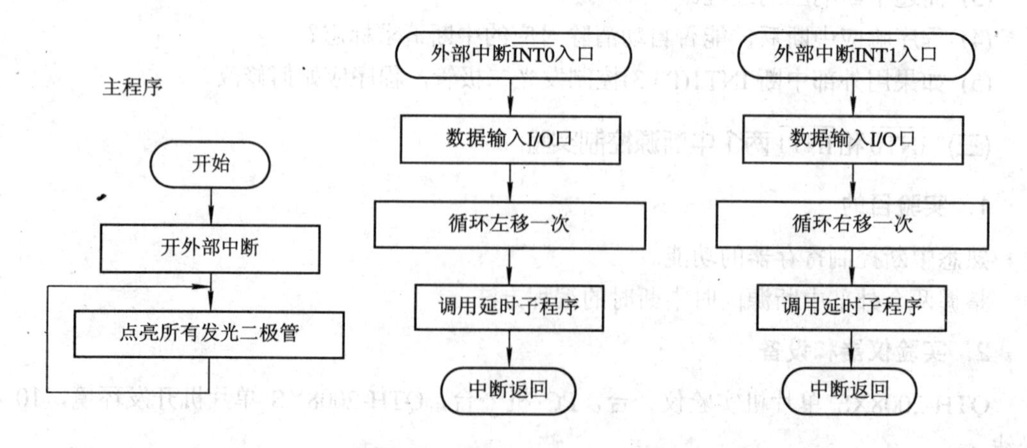

图 3.19　$\overline{\text{INT0}}$、$\overline{\text{INT1}}$控制发光二极管流程图

6. 实验参考程序

```
*************************************************************
            /*主程序*/
*************************************************************
        ORG     0000H
        AJMP    MAIN
        ORG     ____                ；INT0中断入口地址
        AJMP    IINT0
        ORG     ____                ；INT1中断入口地址
        AJMP    IINT1
        ORG     0030H
MAIN：  MOV     IE，#_____          ；允许中断，开放INT0、INT1
        CLR     _____               ；INT0低电平触发
        CLR     _____               ；INT1低电平触发
LOOP：  MOV     P1，#_____          ；发光二极管常亮
        AJMP    LOOP
*************************************************************
            /* INT0中断子程序*/
*************************************************************
IINT0：  MOV     R0，#08H           ；外部中断0循环8次
        MOV     A，#_____           ；循环点亮灯的设定值
        CLR     C
IINT01： RLC     A                  ；左移
        MOV     P1，A
        CALL    DELAY
        DJNZ    R0，IINT01
        RETI
*************************************************************
            /* INT1中断子程序*/
*************************************************************
IINT1：  MOV     R0，#08H           ；外部中断1循环8次
        MOV     A，#-------         ；循环点亮灯的设定值
        CLR     C
IINT11： RRC     A                  ；右移
        MOV     P1，A
        CALL    DELAY
        DJNZ    R0，IINT11
```

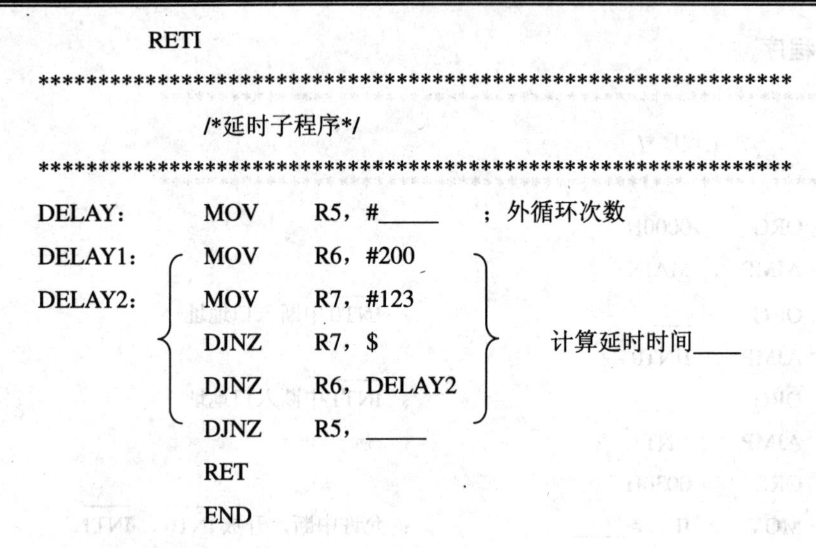

```
        RETI
************************************************************
              /*延时子程序*/
************************************************************
DELAY:      MOV     R5，#_____      ；外循环次数
DELAY1:   ⎧ MOV     R6，#200      ⎫
DELAY2:   ⎪ MOV     R7，#123      ⎪
          ⎨ DJNZ    R7，$         ⎬      计算延时时间____
          ⎪ DJNZ    R6，DELAY2    ⎪
          ⎩ DJNZ    R5，_____     ⎭
            RET
            END
```

7．调试程序步骤

(1) 填写源程序横线内容，将编写好的源程序输入 QTH-2008XS 单片机开发环境，保存文件名为**.ASM。

(2) 对源程序进行编译。

(3) 根据提示进行纠错。

(4) 将源程序装载入实验仪。

(5) 确定调试程序方法。用屏蔽断点全速运行(Ctrl+F5)或者设置光标执行到光标处(F7)的方法运行程序。将 K01 开关和 K02 开关设置为高电平，屏蔽断点全速运行程序，观察灯是否全亮。将 K01 开关设置为低电平，K02 开关设置为高电平，观察灯是否左移点亮。将 K02 开关设置为低电平，K01 开关设置为高电平，观察灯是否右移点亮。将 K01 开关和 K02 开关设置为低电平，观察灯是左移还是右移点亮。

(6) 查看程序执行结果。若灯不能循环点亮，查看中断设置、中断返回是否正确，将 K02 开关设置为低电平，在 AJMP IINT1 处设置断点连续执行程序(F5)，查看能否执行到断点处。在断点之后，可以用单步调试程序的方法排除软件问题。若程序不能执行到断点处，说明中断条件没有产生，除排查软件外还可检查硬件故障。

这个实验调试中除观察现象外，还必须注意 $\overline{\text{INT0}}$ 和 $\overline{\text{INT1}}$ 优先级的设置，理解中断优先级别的概念，观察哪个优先级别高。

8．思考题

(1) 分析并完成参考程序需要填空的内容，写出调试好的程序。

(2) 简述实验调试出现的现象，当 $\overline{\text{INT0}}$ 和 $\overline{\text{INT1}}$ 同时为低电平时，灯的变化情况。

(3) 如何设置两个外部中断的优先级，当 $\overline{\text{INT0}}$ 和 $\overline{\text{INT1}}$ 同时为低电平时，使灯先右移后左移点亮？

实验六　定时器/计数器实验

一、预习内容

1. 定时器/计数器的功能

定时：对内部机器周期脉冲计数，每过一个机器周期计数器加 1。计数值乘以单片机机器周期的时间就是定时时间。

计数：对外部引脚 T0、T1 输入脉冲计数，当某周期采样到一高电平输入，而下一周期又采样到一低电平时，则计数器加 1。

2. 定时器工作方式寄存器 TMOD

定时器工作方式寄存器 TMOD 用于选择定时器的工作方式，它的高 4 位控制定时器 T1，低 4 位控制定时器 T0。TMOD 中各位的定义如表 3.5 所示。

表 3.5　定时器工作方式寄存器 TMOD

位地址	D7H	D6H	D5H	D4H	D3H	D2H	D1H	D0H
位定义名	GATE	C/T	M1	M0	GATE	$C/\overline{T}$	M1	M0

$C/\overline{T}$：T/C 功能选择位，当 $C/\overline{T}=1$ 时，为计数方式；当 $C/\overline{T}=0$ 时，为定时方式。

M1、M0：T/C 工作方式定义位。

GATE：门控制位，用于控制定时器的启动是否受外部中断源信号的影响。当 GATE=0 时，与外部中断无关，由 TCON 寄存器中的 TRx 位控制启动；当 GATE=1 时，由控制位 TRx 和引脚 $\overline{INTx}$ 共同控制启动，只有在没有外部中断请求信号的情况下(即外部中断引脚 $\overline{INTx}=1$ 时)，才允许定时器启动。

3. 定时器控制寄存器 TCON

定时器控制寄存器 TCON 用于定时器的启动和外部中断的设置，它的高 4 位控制定时器，TR0 和 TR1 控制定时器的启动，低 4 位控制外部中断。TCON 控制寄存器各位的定义如表 3.6 所示。

表 3.6　定时器控制寄存器 TCON

位地址	8FH	8EH	8DH	8CH	8BH	8AH	89H	88H
位定义名	TF1	TR1	TF0	TR0	IE1	IT1	IE0	IT0

TF0(TF1)：T0(T1)定时器溢出中断标志位。当 T0(T1)计数溢出时，由硬件置位，并在允许中断的情况下，发出中断请求信号。当 CPU 响应中断转向中断服务程序时，由硬件自动将该位清 0。

TR0(TR1)：T0(T1)运行控制位。当 TR0(TR1)=1 时，启动 T0(T1)；当 TR0(TR1)=0 时，关闭 T0(T1)。该位由软件进行设置。

4．定时器工作方式

1) 方式 0

组成：13 位定时/计数器。

定时时间的计算：$t = (2^{13} - t_0) \times T_m$，其中，$t_0$ 为定时初值，T_m 为机器周期(晶振频率为 12 MHz，机器周期为 1 μs)。

最大定时时间：8192 μs (晶振频率为 12 MHz)。

计数个数的计算：$C = 2^{13} - X_0$，其中，X_0 为计数初值。

最大计数个数：8192 个。

2) 方式 1

组成：16 位定时/计数器。

定时时间的计算：$t = (2^{16} - t_0) \times T_m$，其中，$t_0$ 为定时初值，T_m 为机器周期(晶振频率为 12 MHz，机器周期为 1 μs)。

最大定时时间：65 536 μs (晶振频率为 12 MHz)。

计数个数的计算：$C = 2^{16} - X_0$，其中，X_0 为计数初值。

最大计数个数：65 536 个。

3) 方式 2

组成：能自动重置初值的 8 位定时/计数器。

定时时间的计算：$t = (2^{8} - t_0) \times T_m$，其中，$t_0$ 为定时初值，T_m 为机器周期(晶振频率为 12 MHz，机器周期为 1 μs)。

最大定时时间：256 μs (晶振频率为 12 MHz)。

计数个数的计算：$C = 2^{8} - X_0$，其中，X_0 为计数初值。

最大计数个数：256 个。

4) 方式 3

组成：两个 8 位定时/计数器。

定时时间的计算：$t = (2^{8} - X_0) \times T_m$，其中，$X_0$ 为定时初值，T_m 为机器周期(晶振频率为 12 MHz，机器周期为 1 μs)。

最大定时时间：256 μs (晶振频率为 12 MHz)。

计数个数的计算：$C = 2^{8} - X_0$，其中 X_0 为计数初值。

最大计数个数：256 个。

5．定时/计数器编程步骤

(1) 设置控制字 TOMD。

(2) 计算出定时的初值。

(3) 启动定时/计数器(软件或外部信号)。

(4) 开中断，允许执行中断。

6．编程注意的问题

(1) 关于内部定时器/计数器的编程主要是时间常数的设置和有关控制寄存器的设置。内部定时器/计数器在单片机中主要有定时和计数两种功能，本实验使用的是定时功能。

(2) 与定时器有关的寄存器包括工作方式寄存器 TMOD 和控制寄存器 TCON。TMOD

用于设置定时器/计数器的工作方式 0～3，并确定用于定时还是用于计数。TCON 主要功能是为定时器在溢出时设定标志位，并控制定时器的运行或停止等。

(3) 当内部计数器用作定时器时，是对机器周期计数。如果最大值达不到定时时间要求，就要设定循环次数来增加延时。

(4) 在设置时间常数前要先关闭对应的中断，设置完时间常数之后再打开相应的中断。

二、实验练习

(一) 定时器/计数器应用一

1. 实验目的

掌握单片机定时/计数器寄存器的功能，单片机定时和中断的编程方法。

2. 实验仪器和设备

QTH-2008XS 单片机实验仪一台，PC 机一台，QTH-2008XS 单片机开发环境，8 根导线。

3. 实验内容

用 P1 口控制 8 个发光二极管循环点亮，利用定时器/计数器定时功能控制每隔 1 s 移动一次，利用单片机内部定时器中断方式定时。

4. 实验连线

P1.0～P1.7 连接 L8～L1，连接电路图如图 3.20 所示。

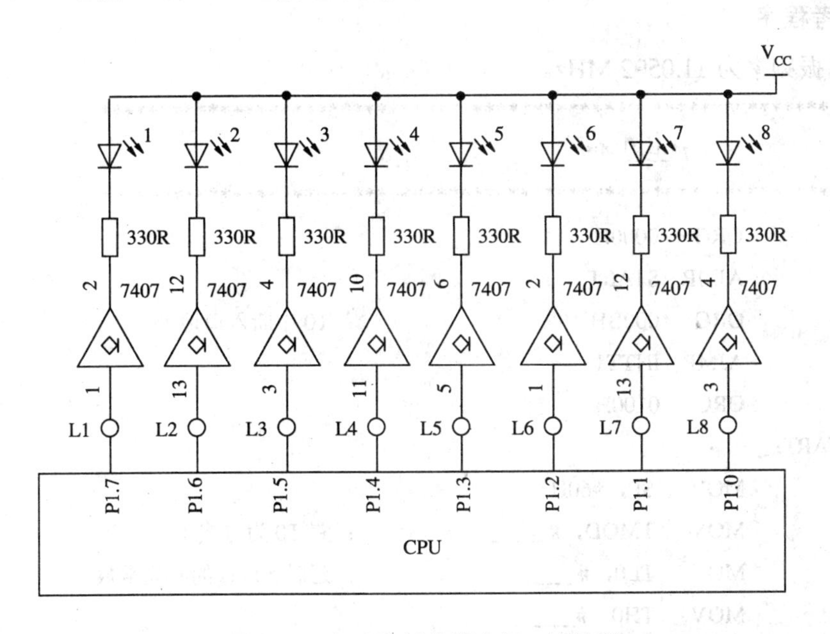

图 3.20　定时器/计数器应用一连接图

5. 实验流程图

程序设计流程图如图 3.21 所示。

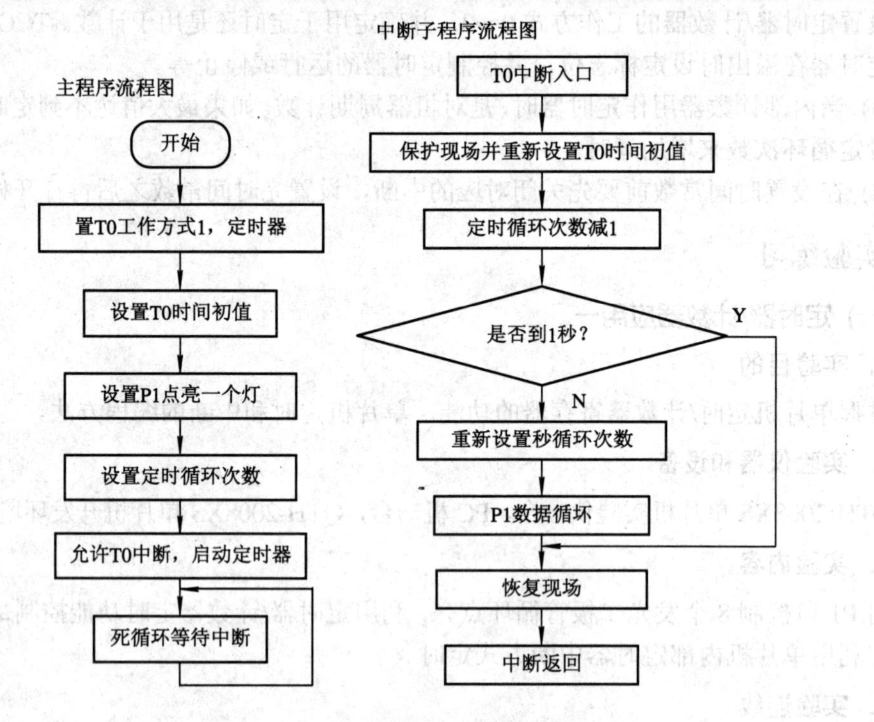

图 3.21　定时器/计数器应用一程序流程图

6. 参考程序

系统晶振频率为 11.0592 MHz。

```
**********************************************************
            /*主程序*/
**********************************************************
        ORG    0000H
        AJMP   START
        ORG    000BH                        ；T0 中断入口地址
        AJMP   INTT1
        ORG    0100H
START:
        MOV    SP，#60H
        MOV    TMOD，#_____                 ；置 T0 为方式 1
        MOV    TL0，#_____                  ；延时 50 ms 的时间常数
        MOV    TH0，#_____
        MOV    R7，#_____                   ；循环次数(50 ms×20=1 s)
        MOV    A，#0FEH                     ；如果将 0FEH 换为 01H，则是_____
        SETB   TR0
        SETB   _____                        ；总中断允许
        SETB   _____                        ；开中断
```

```
            SJMP    $
****************************************************************
                 /*T0 中断子程序*/
****************************************************************
INTT1:                                      ; T0 中断服务子程序
            CLR     EA                      ; 关中断
            MOV     TL0，#_____             ; 延时 50 ms 的常数
            MOV     TH0，#_____
            SETB    EA                      ; 开中断
            DJNZ    R7，EXIT
            MOV     R7，#_____              ; 延时 1 s 的常数
            MOV     P1，A
            RL      A
EXIT:       RETI
```

7．调试程序步骤

(1) 填写源程序横线内容，将编写好的源程序输入 QTH-2008XS 单片机开发环境，保存文件名为**.ASM。

(2) 对源程序进行编译。

(3) 根据提示进行纠错。

(4) 将源程序装载入实验仪。

(5) 确定调试程序方法。用屏蔽断点全速运行(Ctrl+F5)或者设置光标执行到光标处(F7)的方法调试程序。

(6) 查看程序执行结果。若灯不能闪烁，则查看定时控制寄存器设置、中断设置、定时器启动是否正确。

8．思考题

(1) 分析并完成参考程序需要填空的内容，写出调试好的程序。

(2) 如何选择定时/计数器的 4 个工作方式？

(3) 外部引脚 $\overline{\text{INT0}}$、$\overline{\text{INT1}}$ 与定时/计数器的启动有什么关系？

(4) 当定时器/计数器作定时器用时，其定时时间与哪些因素有关？

(二) 定时器/计数器应用二——模拟时序控制

1．实验目的

掌握单片机定时 / 计数器寄存器的功能，单片机定时和中断的编程方法。

熟悉查表程序的应用。

2．实验仪器和设备

QTH-2008XS 单片机实验仪一台，PC 机一台，QTH-2008XS 单片机开发环境，8 根导线。

3．实验内容

用内部定时器 1，按方式 1 工作，即作为 16 位定时器使用，每 0.05 秒 T1 溢出中断一次。P1 口的 P1.0～P1.7 分别接 8 个发光二极管。要求编写程序模拟一时序控制装置。开机后第一秒钟 L1、L3 亮，第二秒钟 L2、L4 亮，第三秒钟 L5、L7 亮，第四秒钟 L6、L8 亮，第五秒钟 L1、L3、L5、L7 亮，第六秒钟 L2、L4、L6、L8 亮，第七秒钟 8 个二极管全亮，第八秒钟全灭，以后又从头开始，一直循环下去。

4．连线

P1.0～P1.7 接 L8～L1，连接电路图如图 3.20 所示。

5．参考程序

系统晶振频率为 11.0592 MHz。

```
**********************************************************
              /*主程序*/
**********************************************************
          ORG    0000H
          AJMP   START
          ORG    001BH                ；T1 中断入口地址
          AJMP   INT_T1
          ORG    0100H
START:
          MOV    SP，#60H
          MOV    TMOD，#___           ；置 T1 为方式 1
          MOV    TL1，#____           ；延时 50 ms 的时间常数
          MOV    TH1，#____
          MOV    R0，#00H
          MOV    R7，#20
          SETB   TR1
          SETB   ___                  ；开 T1 中断
          SETB   ___                  ；开中断
          SJMP   $
**********************************************
              /*T1 中断子程序*/
**********************************************
INT_T1:                               ；T1 中断服务子程序
          CLR    EA                   ；关中断
          MOV    TL1，#___            ；延时 50 ms 的常数
          MOV    TH1，#___
          SETB   EA                   ；开中断
          DJNZ   R7，EXIT
```

```
        MOV    R7，#20          ；延时 1 s 的常数
        MOV    DPTR，#___       ；置常数表基址
        MOV    A，R0            ；置常数表偏移量
        MOVC   A，@A+DPTR       ；读常数表
        MOV    P1，A            ；送 P1 口显示
        INC    R0
        CJNE   R0，#___，EXIT   ；比较 8 种显示循环是否结束
        MOV    R0，#00h
        EXIT：RETI
LED 显示常数表
QDATA：DB 0FAH，0F5H，0AFH，5FH，0AAH，55H，00H，0FFH
        END
```

6．调试程序步骤

(1) 与实验定时器/计数器应用一的(1)～(4)步相同。

(2) 查看程序执行结果。若灯不能循环点亮，则查看定时控制寄存器设置、中断设置、定时器启动是否正确。若 8 种状态不能正确循环，则查看 8 种显示循环控制指令 CJNE R0，#____，EXIT，比较参数是否正确，显示常数表是否正确。

7．思考题

(1) 分析并完成参考程序需要填空的内容，写出调试好的程序。

(2) 当 80C51 单片机定时器/计数器作为定时和计数用时，其计数脉冲由谁提供？

(3) 修改程序，控制模拟一时序循环两次就停止。

(三) 定时器/计数器应用三——计数显示控制

1．实验目的

掌握单片机定时/计数器寄存器的功能，单片机计数和中断的编程方法。

2．实验仪器和设备

QTH-2008XS 单片机实验仪一台，PC 机一台，QTH-2008XS 单片机开发环境，8 根导线。

3．实验内容

利用内部定时计数器，按计数器模式和方式 1 工作，对 P3.4(T0)引脚进行计数。使用 8031 的 T1 作定时器，50 ms 中断一次，看 T0 内每 50 ms 来了多少脉冲，将其数值按二进制数在 LED 灯上显示出来，5 s 后再次测试。P1、P2 口分别控制 8 个发光二极管，P1 口为低 8 位显示，P2 口为高 8 位显示。

4．连线

P1.0～P1.7 接 L8～L1，P2.0～P2.7 接 L9～L16，P3.4 接分频电路的 I07，脉冲发生器

的输出端接分频电路 T，如图 3.22 所示。

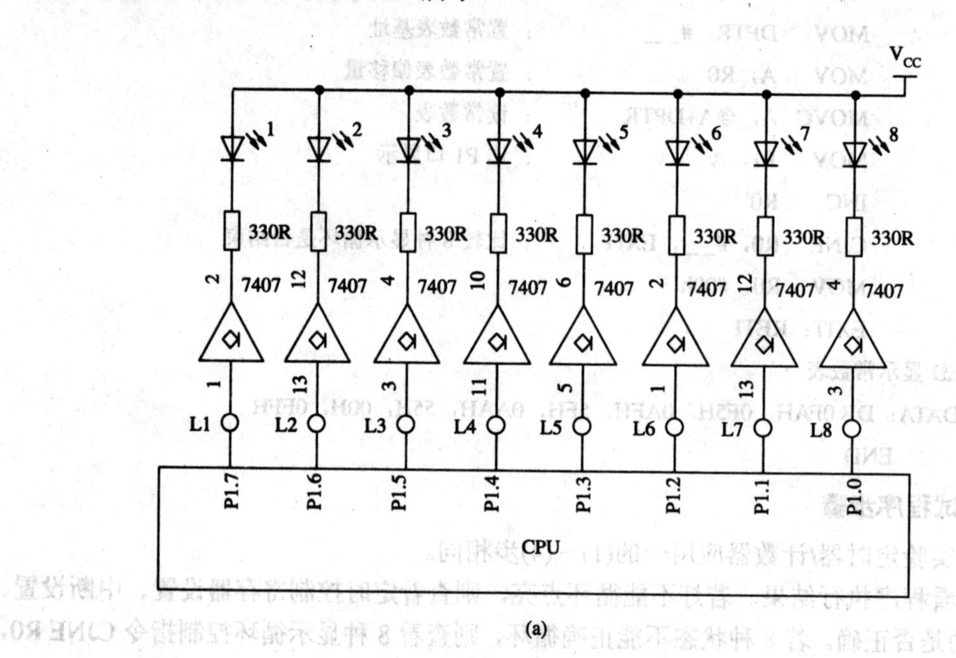

(a)

360R
7404
103
3.868 MHz

(b)

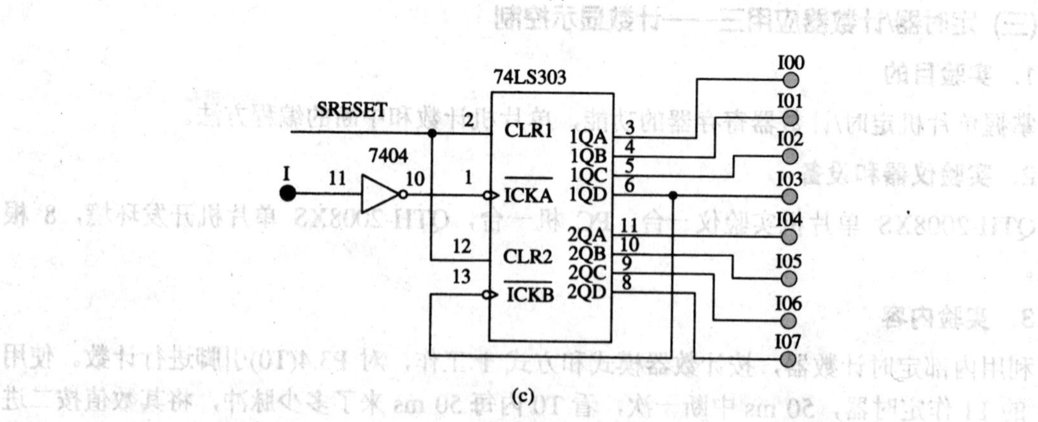

(c)

图 3.22　定时器/计数器应用三——计数显示控制电路图

(a) 低 8 位 8 个发光二极管连接电路图(高 8 位类似)；(b) 脉冲发生器电路图；(c) 分频电路图

5．参考程序流程图

定时器/计数器应用三——计数显示控制流程图如图 3.23 所示。

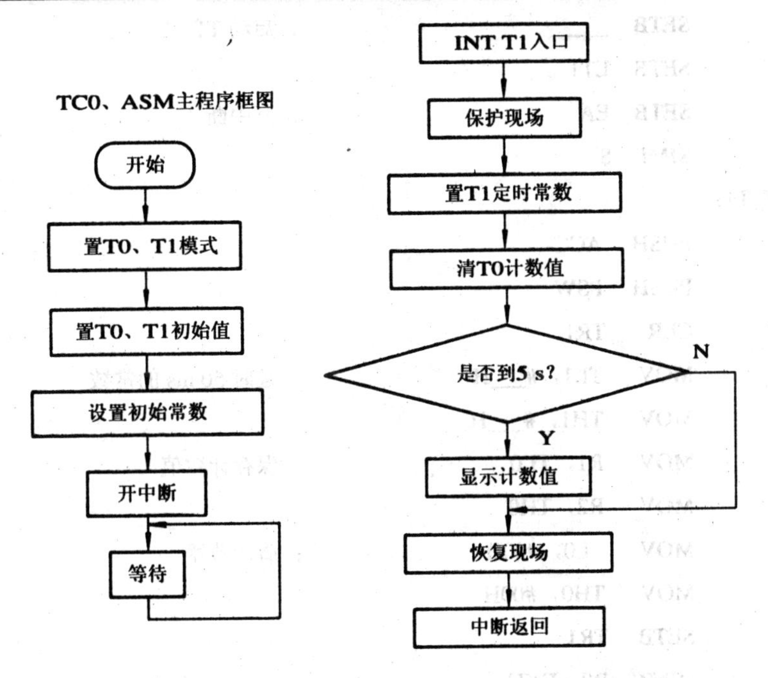

图 3.23 定时器/计数器应用三——计数显示控制流程图

6. 参考程序

系统晶振频率为 11.0592 MHz。

```
        ORG     0000H
        AJMP    START
        ORG     000BH                  ; T0 中断入口地址
        RETI
        ORG     001BH                  ; T1 中断入口地址
        AJMP    INT_T1
        ORG     0040H
START:
        MOV     SP, #60H
        MOV     TMOD, #___ H           ; 置 T1 为方式 1
                                       ; 置 T0 为方式 1, 计数方式
                                       ; 门控选通位有效
        MOV     TL0, #00H              ; 计数器清零
        MOV     TH0, #00H
        MOV     TL1, #____H            ; 延时 50 ms 的常数
        MOV     TH1, #___ H
        MOV     R0, #____              ; 延时 5 s 的常数
        SETB    _____                  ; 启动 T0
        SETB    ET0
```

```
        SETB    ______              ；启动T1
        SETB    ET1
        SETB    EA                  ；开中断
        SJMP    $
INT_T1:
        PUSH    ACC
        PUSH    PSW
        CLR     TR1
        MOV     TL1，#___H          ；延时50 ms的常数
        MOV     TH1，#___H
        MOV     R1，TL0             ；保存计数值
        MOV     R2，TH0
        MOV     TL0，#00H           ；清计数器
        MOV     TH0，#00H
        SETB    TR1
        DJNZ    R0，EXIT
        MOV     R0，#___            ；延时5 s的常数
        MOV     A，R1
        MOV     ______              ；将计数值在LED上显示低8位
        MOV     ______              ；将计数值在LED上显示高8位
EXIT:
        POP     PSW
        POP     ACC
        RETI
        END
```

7．调试程序步骤

(1) 与实验定时器/计时器应用一的(1)～(4)步相同。

(2) 查看程序执行结果。将断点设置在AJMP INT_T1指令处连续执行程序，执行到断点处观察TL0、TH0寄存器的内容，如图3.24所示。将TL0、TH0寄存器的内容与发光二极管现象进行比较，判断是否正常显示，通过输入的脉冲频率计算50 ms输入脉冲的个数，检测计算值与显示是否一致，有无误差。

8．思考题

(1) 分析并完成参考程序需要填空的内容，写出调试好的程序。

(2) 当定时器/计数器T0、T1用作计数时，其计数与哪些因素有关？

(3) 中断程序中CLR TR1指令的作用是什么？

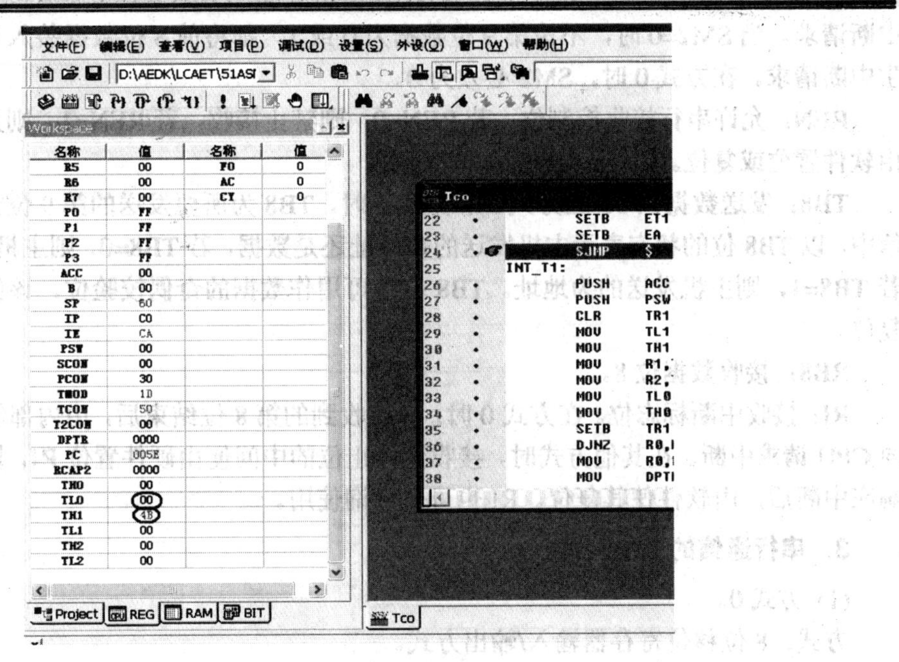

图 3.24 观察 TL0、TH0 寄存器的内容

实验七 串/并转换实验

一、预习内容

1．89C51 串行接口的工作原理

串行接口的发送/接收都是以特殊功能寄存器 SBUF 进行读或写。

发送数据方法：向 SBUF 发出“写”命令时(执行“MOV SBUF，A”指令)，由 TXD 引脚向外发送一帧数据，发送完便使发送中断标志位 TI 置 1。

接收数据方法：将允许接收位 REN 置 1，就会接收一帧数据进入移位寄存器，并转载到接收 SBUF 中，同时使 RI 置 1。当发出“读”SBUF 命令时(执行 “MOV A，SBUF”指令)，由接收缓冲器(SBUF)取出信息并通过 89C51 内部总线送 CPU。

2．串行接口控制寄存器 SCON

串行接口控制寄存器各位的定义如表 3.7 所示。

表 3.7 串行接口控制寄存器 SCON

位地址	9FH	9EH	9DH	9CH	9BH	9AH	99H	98H
位定义名	SM0	SM1	SM2	REN	TB8	RB8	TI	RI

SM0、SM1：串行口工作方式选择位。

SM2：多机通信控制位，主要用于工作方式 2 和工作方式 3。在方式 2 和方式 3 中，若 SM2=1，则接收到的第 9 位数据(RB8)为 0，不启动接收中断标志 RI(即 RI=0)，并且将丢弃接收到的前 8 位数据；RB8 为 1 时，才将接收到的前 8 位数据送入 SBUF，并置位 RI 产生中断请求。当SM2=0时，不论第9位数据为0或1，都将前8位数据装入SBUF中，并产生中断请求。在方式0时，SM2必须为0。

REN：允许串行接收控制位。若REN=0，则禁止接收；若REN=1，则允许接收。该位由软件置位或复位。

TB8：发送数据位8。在方式2和方式3时，TB8为所要发送的第9位数据。在多机通信中，以TB8位的状态表示主机发送的是地址还是数据，若TB8=0，则主机发送的为数据；若TB8=1，则主机发送的为地址。TB8位也可用作数据的奇偶校验位。该位由软件置位或复位。

RB8：接收数据位8。

RI：接收中断标志位。在方式0时，当接收到的第8位结束后，由内部硬件使RI置位，向CPU请求中断。在其他方式时，接收到停止位的中间便由硬件置位RI，同样，也必须在响应中断后，由软件使其复位。RI也可供查询使用。

3. 串行通信的工作方式

(1) 方式0。

方式：8位移位寄存器输入/输出方式。

一帧数据格式：8位数据。

波特率：$f_{osc}/12$。

引脚功能：TXD输出$f_{osc}/12$频率的同步脉冲，RXD作为数据的输入/输出端。

应用：常用于扩展I/O口。

(2) 方式1。

方式：10位异步通信方式。

一帧数据格式：1个起始位“0”，8个数据位，1个停止位“1”。

波特率：$2^{SMOD}/32\times$(T1溢出率)。

引脚功能：TXD数据输出端，RXD数据输入端。

应用：两机通信。

(3) 方式2。

方式：11位异步通信方式。

一帧数据格式：1个起始位“0”，9个数据位，1个停止位“1”。

波特率：$2^{SMOD}/64\times f_{osc}$。

引脚功能：TXD数据输出端，RXD数据输入端。

应用：多用于多机通信。

(4) 方式3。

方式：11位异步通信方式。

一帧数据格式：1个起始位“0”，9个数据位，1个停止位“1”。

波特率：$2^{SMOD}/32\times$(T1溢出率)。

引脚功能：TXD数据输出端，RXD数据输入端。

应用：多用于多机通信。

二、实验练习

(一) 串行口应用——串/并转换实验

1. 实验目的

了解单片机串口方式 0 的应用，移位寄存器 164 的应用。

掌握 89C51 串行口工作方式及编程方法，利用串行口扩展 I/O 通道的方法。

2. 实验仪器和设备

QTH-2008XS 单片机实验仪一台，PC 机一台，QTH-2008XS 单片机开发环境，2 根导线。

3. 实验内容

利用单片机的串行接口方式 0 扩展并行输入/输出口，在 LED 上连续循环显示 00～99，显示的初值自己确定。

串行口方式 0 为移位寄存方式，数据由 P3.0 端输入，同步移位脉冲由 P3.1 输出，发送的 8 位数据低位在前。

4. 实验连线

DIN 连 P3.0，CLK 连 P3.1，连接电路图如图 3.25 所示。

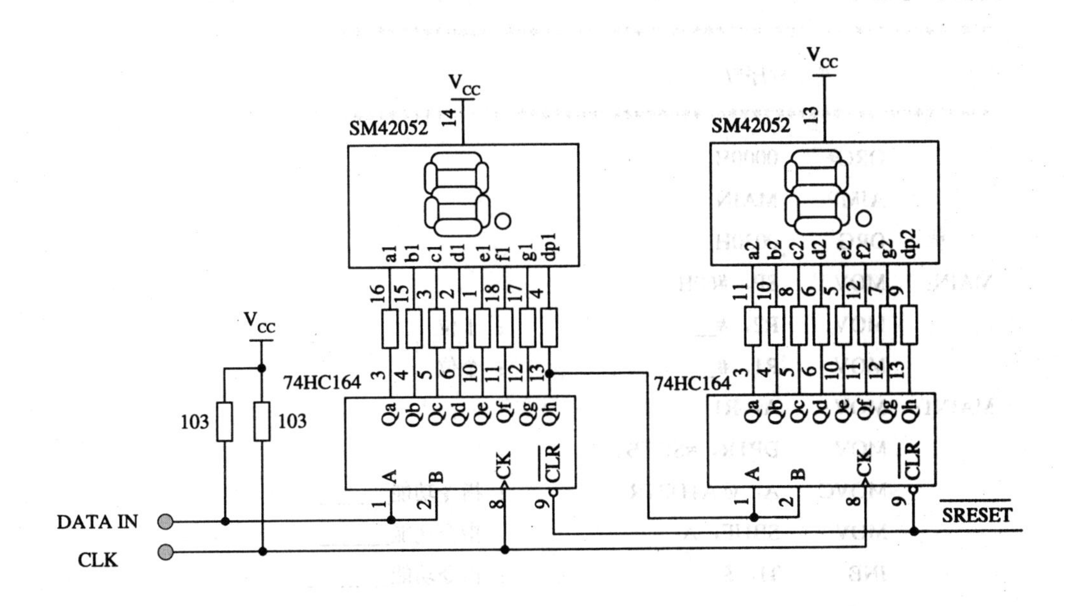

图 3.25 串/并转换实验连接图

5. 实验流程图

串/并转换实验流程图如图 3.26 所示。

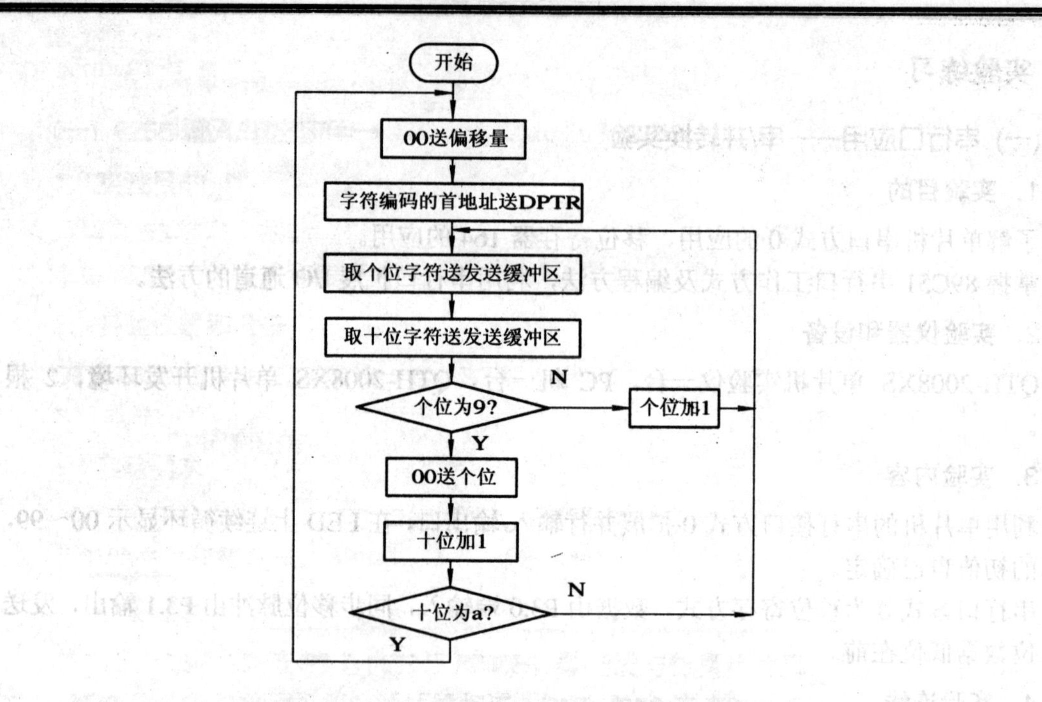

图 3.26　串/并转换实验流程图

6. 实验参考程序

```
**********************************************************
                /*主程序*/
**********************************************************
        ORG     0000H
        AJMP    MAIN
        ORG     0030H
MAIN:   MOV     SP, #60H
        MOV     R2, #___                  ; 十位
        MOV     R1, #___                  ; 个位
MAIN1:  MOV     A, R1
        MOV     DPTR, #SGTB1
        MOVC    A, @A+DPTR                ; 指令功能______
        MOV     SBUF, A                   ; 指令功能______
        JNB     TI, $                     ; 指令功能______
        CLR     TI
        MOV     A, R2
        MOVC    A, @A+DPTR
        MOV     SBUF, A
        JNB     TI, $
        CLR     TI
```

```
        CALL    DELAY
        CALL    DELAY
        CALL    DELAY
        CJNE    R1，#9，MAIN2           ；指令功能____，程序转移到MAIN2时，
                                        ；MAIN1程序段循环__次
        MOV     R1，#00H
        INC     R2
        CJNE    R2，#10，MAIN3          ；指令功能______，程序转移到MAIN3时，
                                        ；MAIN1程序段循环__次
        AJMP    MAIN
MAIN2： INC     R1
MAIN3： AJMP    MAIN1                   ；指令功能______
**********************************************************
              /*延时子程序*/
**********************************************************
DELAY： MOV     R6，#250                ；延时
DELAY1：MOV     R7，#250
        DJNZ    R7，$
        DJNZ    R6，DELAY1
        RET
**********************************************************
              /*字符编码*/
**********************************************************
SGTB1： DB      03H                     ；0
        DB      9FH                     ；1
        DB      25H                     ；2
        DB      0DH                     ；3
        DB      99H                     ；4
        DB      49H                     ；5
        DB      41H                     ；6
        DB      1FH                     ；7
        DB      01H                     ；8
        DB      09H                     ；9
        END
```

7．调试程序步骤

(1) 与实验定时器/计时器应用一的(1)～(3)步相同。

(2) 调试程序，将断点设置在第一条“MOV SBUF，A”指令处，连续执行指令观察十位显示是否正确，观察显示的位置。然后将断点设置在第二条“MOV SBUF，A”指令处，连续执行指令观察十位、个位显示是否正确，观察显示的位置，理解串行口发送数据的方法。

8．思考题

(1) 分析并完成参考程序中的填空内容，写出调试好的程序。

(2) 修改程序，显示的数据在 R0 寄存器存放，如何用拆字的方法进行显示？

(3) 修改程序，显示大于 99 的数值。

(二) 串行口、定时器应用——秒倒计时实验

1．实验目的

掌握定时器的编程方法，89C51 串行口工作方式及编程方法。

2．实验仪器和设备

QTH-2008XS 单片机实验仪一台，PC 机一台，QTH-2008XS 单片机开发环境，2 根导线。

3．实验内容

利用单片机定时器 T0 进行倒计时，并在双位数码管上显示倒计时间。

4．实验连线

DIN 连 P3.0，CLK 连 P3.1，连线电路图如图 3.25 所示。

5．实验参考流程图 1

秒倒计时编程用两种方法实现，下面为实验参考流程图 1，如图 3.27 所示。

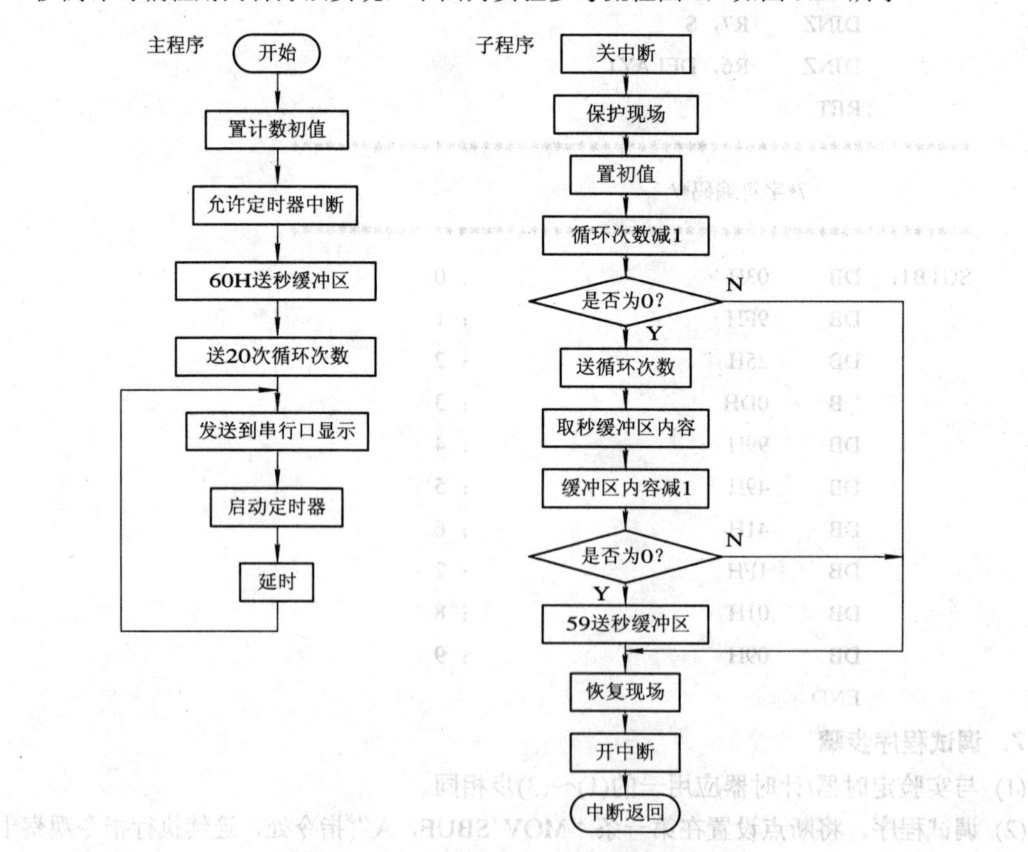

图 3.27　秒倒计时实验参考流程图 1

6. 实验参考程序 1

```
*************************************************************
              /*主程序*/
*************************************************************
；主程序从 0000H 跳转，中断程序从中断地址跳转，用定时器 T0 方式 1 定时 50 ms
              ORG    0000H
              AJMP   MAIN
              ORG    000BH
              AJMP   TIME
              ORG    0030H
     MAIN：   MOV   TMOD，#_____
              MOV   TH0，#_____          ；定时时间=(2^16－T0 初值)×时钟周期×12
              MOV   TL0，#_____          ；(2^16－?)×1/(12×10^6)×12=50 ms
；开中断，启动定时器
     SETB   EA
     SETB   _____                         ；允许 T0 中断
     SETB   _____                         ；启动定时器 T0
；秒寄存器 50H 存放 60 秒，定时寄存器 R7 存放循环次数 20
     MOV   R7，#20
     MOV   50H，#60H
；取秒的低 4 位通过串行口发送 LED 显示器显示，发送完后，从秒寄存器 51H 取出高 4 位交换到低
；4 位后，通过串行口发送到 LED 显示器显示
     LOOP：   MOV   A，50H               ；取秒的低位
              ANL   A，#0FH
              MOV   DPTR，#SGTB1
              MOVC   A，@A+DPTR          ；查表找对应数字的显示码
              MOV   SBUF，A              ；发送字符
              JNB   TI，$
              CLR   TI
              MOV   A，50H
              SWAP   A
              ANL   A，#0FH              ；取秒的高位
              MOV   DPTR，#SGTB1
              MOVC   A，@A+DPTR          ；查表找对应数字的显示码
              MOV   SBUF，A              ；发送字符
              JNB   TI，$
              CLR   TI
              LCALL   DELAY
     SJMP     LOOP
```

```
*******************************************************
        /*中断服务子程序*/
*******************************************************
；关中断，保护工作寄存器
    TIME：  CLR   EA                    ；关中断
            PUSH  PSW                   ；保护工作寄存器
            PUSH  ACC
；置初值，判断是否循环 20 次
            MOV TH0，_____              ；置初值
            MOV TL0，_____
            DJNZ  R7，NEXT
            MOV   R7，#20
；到一秒钟将秒寄存器减 1 并调整
            MOV    A，50H               ；取秒 SSBUF 缓冲区的内容
            SUBB   A，#01H              ；秒单元内容减 1
            JNB    PSW.6，TIME1         ；是否有辅助借位
            SUBB   A，#06H              ；有借位进行十进制调整
；判断是否到 60 s，到 60 s 时送 59H
    TIME1： MOV   50H，A
            CJNE  A，#_____H，NEXT     ；是否等于 60 s，不等于转出
            MOV   A，#59H               ；秒缓冲区送 59
            MOV   50H，A
    NEXT：  POP   ACC                   ；恢复断点
            POP   PSW
            SETB  EA                    ；开中断
            RETI
*******************************************************
            /*延时子程序*/
*******************************************************
    DELAY： MOV      R4，#200           ；延时
    DELAY1：MOV      R5，#250
            DJNZ     R5，$
            DJNZ     R4，DELAY1
            RET
*******************************************************
            /*字符编码*/
*******************************************************
    SGTB1： DB       03H          ；0
            DB       9FH          ；1
```

```
DB    25H    ；2
DB    0DH    ；3
DB    99H    ；4
DB    49H    ；5
DB    41H    ；6
DB    1FH    ；7
DB    01H    ；8
DB    09H    ；9
DB    0FFH   ；灭
```

7．调试程序步骤

(1) 与实验定时器/计时器应用一的(1)～(3)步相同。

(2) 调试程序，将断点设置在“SJMP LOOP”指令处，连续执行指令显示是否为 60，若不是，查看串行口发送 LED 显示器显示的程序是否正确。然后，屏蔽断点全速运行程序，观察显示数据减 1，延时的时间应为 1 s，若不正确，查看中断程序中到一秒钟将秒寄存器减 1 程序有没有错误。

8．实验参考流程图 2

秒倒计时实验参考流程图 2 如图 3.28 所示。

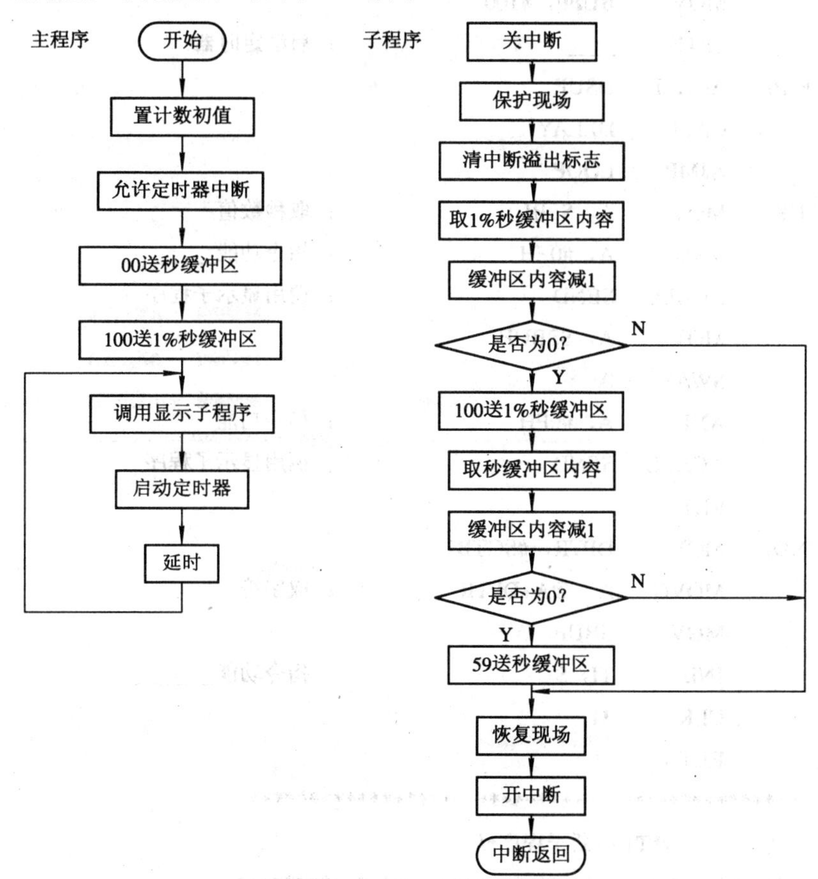

图 3.28　秒倒计时实验参考流程图 2

9．实验参考程序 2

```
BUFF    DATA    50H                         ; 1%秒缓冲区，DATA 功能_____
SSBUF   DATA    51H                         ; 秒缓冲区
*****************************************************
            /*主程序*/
*****************************************************
        ORG     0000H
        AJMP    MAIN
        ORG     002BH
        AJMP    TIME
        ORG     0030H
MAIN:   MOV     TMOD, #____
        MOV     TH1, #0D8H                  ; 定时时间_______
        MOV     TL1, #0F0H
        MOV     IE, #_____                  ; 允许中断
        MOV     SSBUF, #00H
        MOV     BUFF, #100
        SETB    ____                        ; 启动定时器
LOOP:   ACALL   DSUP
        CALL    DELAY
        AJMP    LOOP
DSUP:   MOV     A, SSBUF                    ; 取秒数值
        ANL     A, #0FH                     ; 指令功能____
        ACALL   SEND                        ; 调用显示子程序
        MOV     A, SSBUF
        SWAP    A
        ANL     A, #0FH                     ; 指令功能_______
        ACALL   SEND                        ; 调用显示子程序
        RET
SEND:   MOV     DPTR, #SGTB1
        MOVC    A, @A+DPTR                  ; 取字符
        MOV     SBUF, A
        JNB     TI, $                       ; 指令功能_______
        CLR     TI
        RET
*****************************************************
            /*T1 中断子程序*/
*****************************************************
```

```
TIME:    CLR     EA                  ；关中断
         PUSH    PSW                 ；保护工作寄存器
         PUSH    ACC
         PUSH    01H
         MOV     A，BUFF             ；取 1%秒 BUFF 缓冲区的内容
         DEC     A                   ；1%秒 BUFF 缓冲区内容减 1
         MOV     BUFF，A             ；1%秒 BUFF 缓冲区内容保存
         CJNE    A，#00H，TIME2      ；指令功能______
         MOV     A，#64H             ；1%秒 BUFF 缓冲区送 100
         MOV     BUFF，A
         MOV     A，SSBUF            ；取秒 SSBUF 缓冲区的内容
         SUBB    A，#01H             ；秒单元内容减 1
         JNB     PSW.6，TIME1        ；是否有辅助借位
         SUBB    A，#06H             ；有借位进行十进制调整
TIME1：  MOV     SSBUF，A
         CJNE    A，#___，TIME2      ；是否等于 60 s，不等于转出
         MOV     A，#59H             ；秒缓冲区送 59
         MOV     SSBUF，A
         AJMP    TIME2
TIME2：  POP     01H                 ；恢复断点
         POP     ACC
         POP     PSW
         SETB    EA                  ；开中断
         RETI
****************************************************************
         /*延时子程序*/
****************************************************************
DELAY：  MOV     R4，#250            ；延时
DELAY1： MOV     R5，#250
         DJNZ    R5，$
         DJNZ    R4，DELAY1
         RET
****************************************************************
         /*字符编码*/
****************************************************************
SGTB1：  DB      03H         ；0
         DB      9FH         ；1
         DB      25H         ；2
```

```
DB    0DH    ; 3
DB    99H    ; 4
DB    49H    ; 5
DB    41H    ; 6
DB    1FH    ; 7
DB    01H    ; 8
DB    09H    ; 9
DB    0FFH   ; 灭
END
```

10．调试程序步骤

(1) 与实验定时器/计数器应用一的(1)～(3)步相同。

(2) 调试程序，屏蔽断点全速运行程序，观察显示为秒倒计时。若不是，设置断点运行程序，查看寄存器 TL0、TH0 的变化。

11．思考题

(1) 分析并完成参考程序中的填空内容，写出调试好的程序。

(2) 当晶振频率为 6 MHz 时，最长的定时时间为多少？

(3) 比较秒倒计时实验两种编程有什么不同之处？

(4) 串行口发送数据先发“十位”还是“个位”？

实验八　扩展存储器读/写实验

一、预习内容

1．扩展的三种总线

地址总线：P2 口为高 8 位地址线，P0 口为低 8 位地址线；

数据总线：P0 口为 8 根数据总线；

控制总线：$\overline{EA}$，ALE，$\overline{PSEN}$，$\overline{WR}$，$\overline{RD}$。

2．存储器 62256 芯片

存储器 62256 芯片引脚排列图如图 3.29 所示，引脚功能定义如下：

A0～A14：地址输入线。

D0～D7：双向三态数据线。

$\overline{CS}$：片选信号输入线，低电平有效。

$\overline{RD}$：读选通信号线，低电平有效。

$\overline{WR}$：写选通信号线，低电平有效。

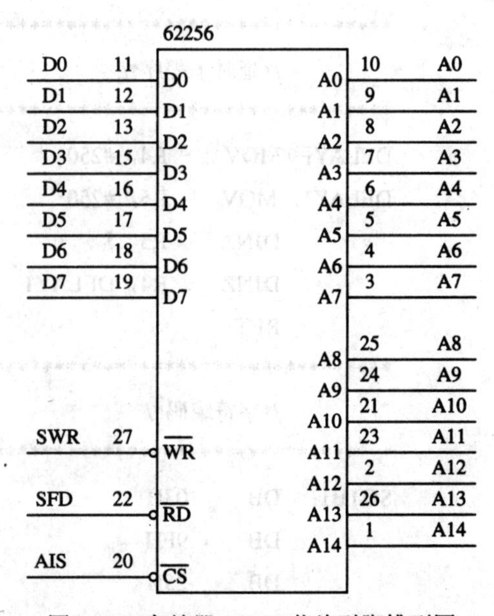

图 3.29　存储器 62256 芯片引脚排列图

3. 访问外部数据存储器的指令

```
写数据指令：MOVX   @DPTR，A
            MOVX   @Ri，A
读数据指令：MOVX   A，@DPTR
            MOVX   A，@Ri
```

二、实验练习

1. 实验目的

熟悉片外存储器扩展的方法。

学习数据存储器不同的读写方法。

2. 实验仪器和设备

QTH-2008XS 单片机实验仪一台，PC 机一台，QTH-2008XS 单片机开发环境，4 根导线，4 组排线。

3. 实验要求

编写简单的程序，对实验板上提供的外部存储器(62256)进行读/写操作，连续运行程序，在数码管上显示。

4. 实验连线

SWR 连 P3.6，SRD 连 P3.7，串/并转换电路的 DIN 连 P3.0，CLK 连 P3.1，数据线与仿真单片机的数据线相连，地址高 8 位、低 8 位分别与单片机部分地址线相连。

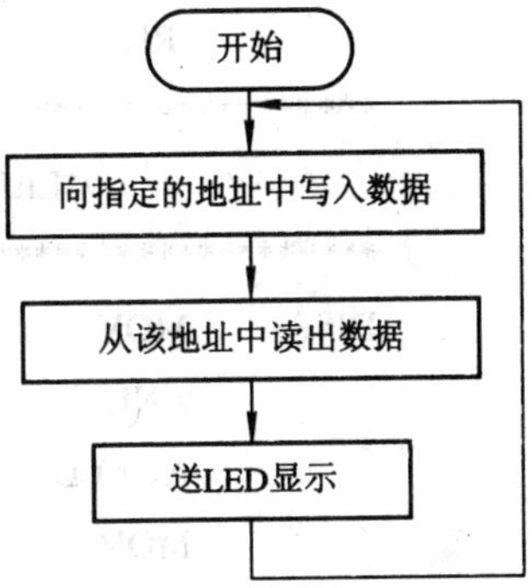

开始

向指定的地址中写入数据

从该地址中读出数据

送LED显示

图 3.30　存储器读/写流程图

5. 参考流程图

存储器读/写流程图如图 3.30 所示。

6. 参考程序

```
**************************************************************
                    /*主程序*/
**************************************************************
        ORG     0000H
        AJMP    MAIN
        ORG     0030H
MAIN:   CALL    W_RAM                   ；把数据存入指定的地址中
        CALL    R_RAM                   ；从指定的地址中读出数据
        MOV     R0，A
        CALL    DISP                    ；LED 显示子程序
        CALL    DELAY
        CALL    DELAY
```

```
        AJMP    MAIN
*****************************************************
           /*写 RAM 子程序*/
*****************************************************
W_RAM:  MOV     DPTR，#____          ；把外数据地址存入DPTR中
        MOV     A，#_____            ；把数据存入A中
W_RAM1：MOVX    @DPTR，A              ；把数据存入指定的地址中
        RET
*****************************************************
           /*读 RAM 子程序*/
*****************************************************
R_RAM： MOV DPTR，#_____              ；把外数据地址存入DPTR中(写入的地址与读
                                      ；出的地址应相同)
R_RAM1：MOVX    A，@DPTR              ；从指定的地址中读出数据
        RET
*****************************************************
           /*LED 显示子程序*/
*****************************************************
DISP:   MOV     A，R0                 ；取出读出的数据
        ANL     A，#____              ；取数据的低位
        ACALL   DSEND                 ；将低位数据显示，调用显示子程序
        MOV     A，R0
        SWAP    A
        ANL     A，#___               ；取数据的高位
        ACALL   DSEND                 ；显示
        RET
DSEND： MOV     DPTR，#SGTB1
        MOVC    A，@A+DPTR            ；取字符
        MOV     SBUF，A               ；发送字符
        JNB     TI，$                 ；指令功能______
        CLR     TI
        RET
*****************************************************
           /*延时子程序*/
*****************************************************
DELAY： MOV     R6，#250              ；延时
DELAY1：MOV     R7，#250
        DJNZ    R7，$
        DJNZ    R6，DELAY1            ；计算延时时间______
```

```
        RET
****************************************************
                /*字符编码*/
****************************************************
SGTB1:  DB      03H             ; 0
        DB      9FH             ; 1
        DB      25H             ; 2
        DB      0DH             ; 3
        DB      99H             ; 4
        DB      49H             ; 5
        DB      41H             ; 6
        DB      1FH             ; 7
        DB      01H             ; 8
        DB      09H             ; 9
        DB      11H             ; A
        DB      0C1H            ; B
        DB      63H             ; C
        DB      85H             ; D
        DB      61H             ; E
        DB      71H             ; F
        DB      00H
        END
```

7. 调试程序步骤

(1) 与实验定时顺/计数器应用一的(1)～(3)步相同。

(2) 调试程序，屏蔽断点全速运行程序，观察外部数据存储器写入的数据与显示的数据是不是一致，若不一致，则跟踪单步执行程序，查看外部数据存储器写入的数据，如(DPTR)=1000H，(1000H)= 60H。运行读外部数据存储器程序，查看寄存器窗口 A 的内容是否为 60H，若结果有误，调试找出读 RAM 或写 RAM 子程序中的错误。

8. 思考题

(1) 分析并完成参考程序中的填空内容，写出调试好的程序。

(2) 若要求将外部 RAM 中连续 5 个地址数据写入并读出，应如何修改程序?

(3) 画出硬件电路连接图。

实验九　简单的 I/O 口扩展实验

一、预习内容

74LS244 是一种三态输出的 8 总线缓冲驱动器，无锁存功能，当 $\overline{G}$ 为低电平时，Ai 信号传送到 Yi；当 $\overline{G}$ 为高电平时，Yi 处于禁止高阻状态。

74LS273 是一种 8D 触发器，当 CLR 为高电平且 CLK 端电平正跳变时，D0～D7 端数据被锁存到 8D 触发器中。

二、实验练习

1．实验目的

(1) 了解用 TTL 芯片扩展简单的 I/O 口的方法。

(2) 掌握数据输入/输出程序的编写方法。

2．实验仪器和设备

QTH-2008XS 单片机实验仪一台，PC 机一台，QTH-2008XS 单片机开发环境，18 根导线，4 组排线。

3．实验要求

利用 74LS244 作为输入口，读取开关状态，并将此状态通过 74LS273 再驱动发光二极管显示出来，连续运行程序，发光二极管显示开关状态。

4．实验连线

74LS244 的 CS 接译码电路的 8000H，A7～A0 接开关 K1～K8。

74LS273 的 CS 接译码电路的 9000H，Q7～Q0 接发光二极管 L1～L8。

SWR 接 P3.6，SRD 接 P3.7。

数据线与仿真单片机的数据线相连，地址高 8 位、低 8 位分别与单片机部分地址线相连，部分连接电路图如图 3.31 所示。

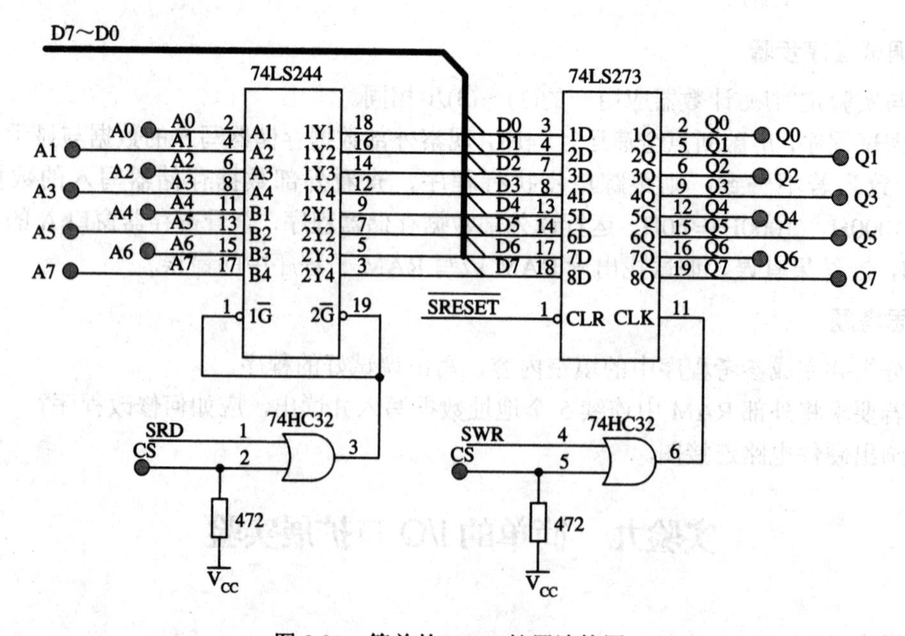

图 3.31　简单的 I/O 口扩展连接图

5. 实验程序流程图

简单的 I/O 口扩展程序流程图如图 3.32 所示。

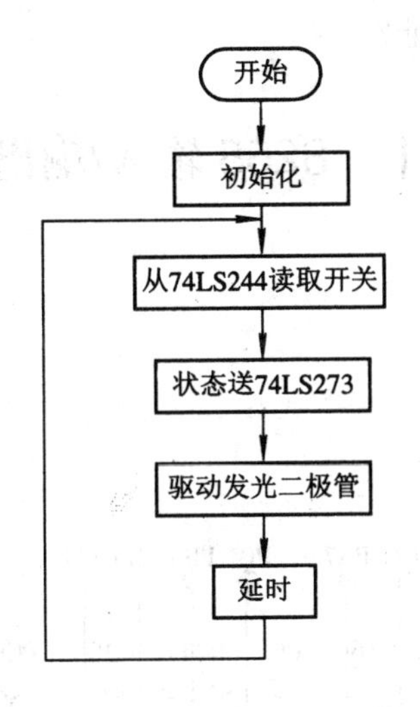

图 3.32 简单的 I/O 口扩展程序流程图

6. 实验参考程序

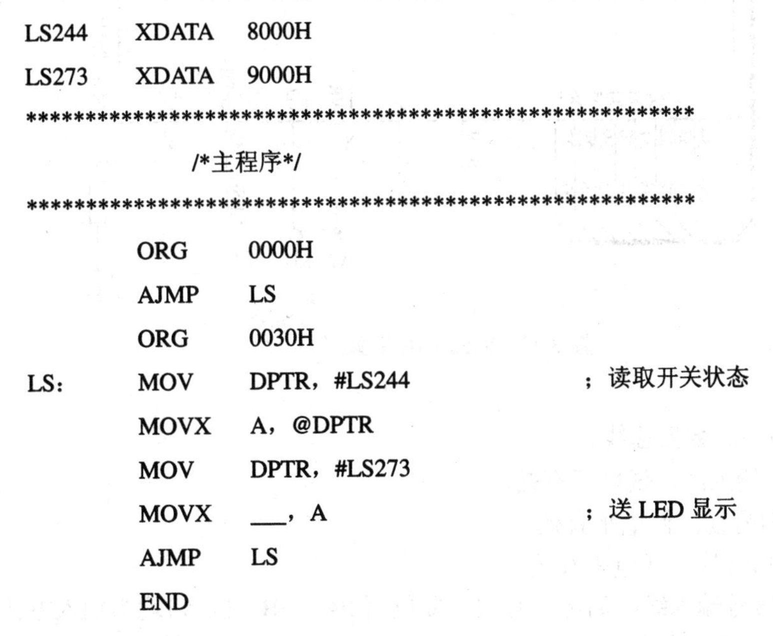

```
LS244    XDATA    8000H
LS273    XDATA    9000H
**********************************************************
              /*主程序*/
**********************************************************
         ORG      0000H
         AJMP     LS
         ORG      0030H
LS:      MOV      DPTR，#LS244              ；读取开关状态
         MOVX     A，@DPTR
         MOV      DPTR，#LS273
         MOVX     ___，A                    ；送 LED 显示
         AJMP     LS
         END
```

7. 调试程序步骤

(1) 与实验定时器/计数器应用一的(1)～(3)步相同。

(2) 调试程序，屏蔽断点全速运行程序，将开关全置为低电平或高电平，观察 LED 显示的状态，按动任意一个开关，观察灯的变化情况。

8．思考题

(1) 分析并完成参考程序中的填空内容，写出调试好的程序。

(2) 画出单片机 89C51 与 74LS244 和 74LS273 的连接图。

(3) 如何确定扩展芯片的地址？

实验十　8255 输入/输出实验

一、预习内容

1．8255 芯片引脚功能介绍

8255 芯片引脚如图 3.33 所示。

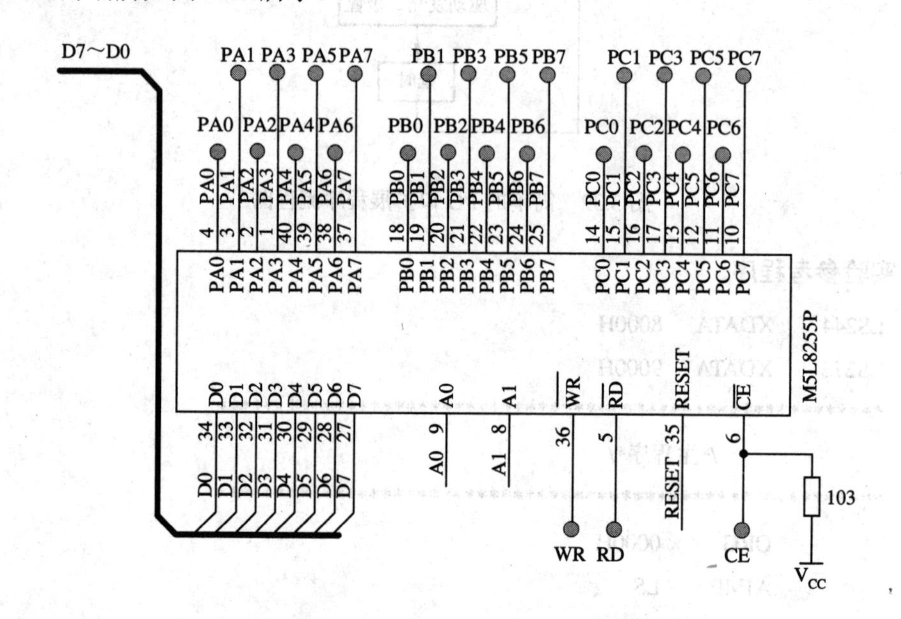

图 3.33　8255 芯片引脚图

引脚定义：

D0～D7：双向三态数据总线。

$\overline{CE}$：片选信号输入线，低电平有效。

$\overline{RD}$：读选通信号线，低电平有效。

$\overline{WR}$：写选通信号线，低电平有效。

RESET：复位信号输入线，高电平有效，复位后 PA、PB、PC 口均为输入方式。

PA、PB、PC：三个 8 位 I/O 口。

A0、A1：端口地址输入线，用于选择内部端口寄存器。

2．8255 工作原理

8255 口操作状态如表 3.8 所示。

表 3.8　8255 口操作状态

A1	A0	$\overline{RD}$	$\overline{WR}$	$\overline{CE}$	输入操作(读)
0	0	0	1	0	PA 口→数据总线
0	1	0	1	0	PB 口→数据总线
1	0	0	1	0	PC 口→数据总线
					输出操作(写)
0	0	1	0	0	数据总线→PA 口
0	1	1	0	0	数据总线→PB 口
1	0	1	0	0	数据总线→PC 口
1	1	1	0	0	数据总线→控制口
					禁止操作
X	X	X	X	1	数据总线为三态
1	1	0	1	0	非法条件
X	X	1	1	0	数据总线为三态

3．8255 控制字功能

(1) 方式控制字。8255 控制字的功能如表 3.9 所示。

表 3.9　8255 控制字的功能

位	功能
D7	1——方式控制字的特征位
D6	PA 口方式位。00——方式 0，01——方式 1，1X——方式 2
D5	
D4	0——PA 口输出，1——PA 口输入
D3	0——PC7～PC4 输出，1——PC7～PC4 输入
D2	PB 口方式位。0——方式 0，1——方式 1
D1	0——PB 口输出，1——PB 口输入
D0	0——PC3～PC0 输出，1——PC3～PC0 输入

(2) PC 口置位/复位控制字(见表 3.10)。

表 3.10　PC 口置位/复位控制字

位	功能
D7	0——特征位
D6	X
D5	X
D4	X
D3	000：PC0，001：PC1，010：PC2，011：PC3 100：PC4，101：PC5，110：PC6，111：PC7
D2	
D1	
D0	0——清 0，1——置 1

二、实验练习

(一) 8255 输入/输出应用一

1．实验目的

了解 8255 控制字的功能。

掌握 8255 工作方式和编程方法。

2．实验仪器和设备

QTH-2008XS 单片机实验仪一台，PC 机一台，QTH-2008XS 单片机开发环境，19 根导线，3 组排线。

3．实验要求

PA 口接开关作输入口，PB 口接发光二极管作输出口，从 PA 口读取开关状态送到 PB 口，并以发光二极管显示。

4．实验连线

$\overline{WR}$ 连 P3.6，$\overline{RD}$ 连 P3.7，$\overline{CE}$ 连 8000H，数据线与仿真单片机的数据线相连，地址高 8 位、低 8 位分别与单片机部分地址线相连，PA7～PA0 连 K01～K08，PB7～PB0 连 L1～L8。

5．实验参考流程图

8255 输入/输出应用一程序流程图如图 3.34 所示。

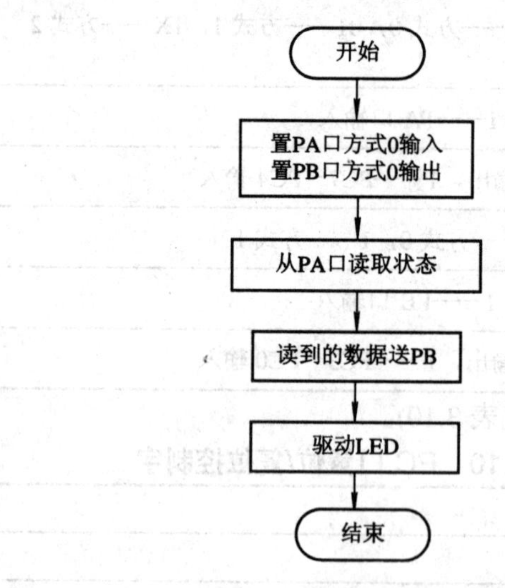

图 3.34　8255 输入/输出应用一流程图

6．实验参考程序

```
A8255    XDATA    8000H        ；PA 口地址
B8255    XDATA    8001H        ；PB 口地址
C8255    XDATA    8002H        ；PC 口地址
D8255    XDATA    8003H        ；状态口地址
```

```
*******************************************************
                /*主程序*/
*******************************************************
          ORG     0000H
          AJMP    MAIN
          ORG     0030H
MAIN:     MOV     DPTR，#___      ；状态口地址
          MOV     A，#____        ；PA 口方式 0 输入，PB 口方式 0 输出
          MOVX    @DPTR，A
MAIN1:    MOV     DPTR，#___      ；从 PA 口取开关状态
          MOVX    A，@DPTR
          INC     DPTR
          MOVX    ___，A          ；把取得的状态送 PB 口
          AJMP    MAIN1
          END
```

7. 调试程序步骤

(1) 与实验定时器/计时器应用一的(1)～(3)步相同。

(2) 调试程序，屏蔽断点全速运行程序，将开关全置为低电平和高电平，观察 LED 显示的状态，按动任意一个开关，观察灯的变化情况。

8. 思考题

(1) 分析并完成参考程序中的填空内容，写出调试好的程序。

(2) 如何确定 8255 状态口地址、PA 口地址、PB 口地址？

(3) 当程序要求改为 PB 口读取开关状态送到 PA 口以发光二极管显示时，应如何修改程序？

(4) 画出单片机与 8255 的连接图。

(二) 8255 输入/输出应用二

1. 实验目的

了解 8255 控制字的功能。

掌握 8255 工作方式和编程方法。

2. 实验仪器和设备

QTH-2008XS 单片机实验仪一台，PC 机一台，QTH-2008XS 单片机开发环境，11 根导线，3 组排线。

3. 实验要求

8255 PA 口控制灯循环，要求开机后隔一秒左移 1 次，移动 8 次后改右移，隔一秒右移 1 次，移动 8 次后全亮 1 秒，全灭 1 秒……依次循环。

4．实验连线

$\overline{WR}$ 连 P3.6，$\overline{RD}$ 连 P3.7，$\overline{CE}$ 连 8000H，数据线与仿真单片机的数据线相连，地址高 8 位、低 8 位分别与单片机部分地址线相连，PA7～PA0 连 L1～L8。

5．实验参考流程图

8255 输入/输出应用二程序流程图如图 3.35 所示。

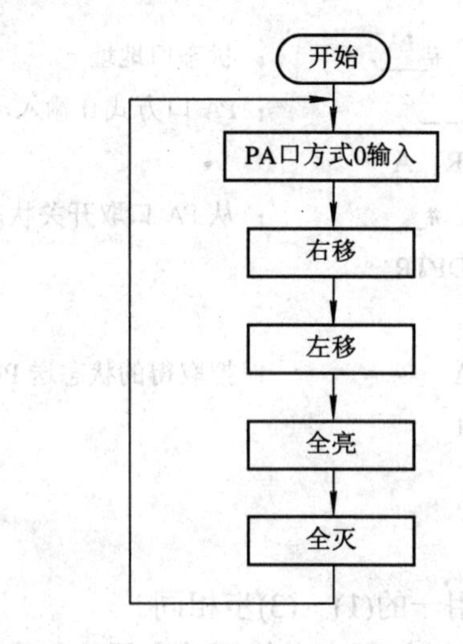

图 3.35　8255 输入/输出应用二程序流程图

6．实验参考程序

```
A8255          XDATA   8000H
B8255          XDATA   8001H
C8255          XDATA   8002H
D8255          XDATA   8003H
****************************************************************
               /*主程序*/
****************************************************************
        ORG     0000H
        AJMP    MAIN
        ORG     0030H
MAIN:   MOV     DPTR，#____          ；状态口地址
        MOV     A，#___              ；PA 口为方式 0 输出控制字
        MOVX    @DPTR，A
        MOV     DPTR，#___           ；PA 口地址
MAIN1:  CALL    RIGHT                ；调用右移子程序
        CALL    LEFT                 ；调用左移子程序
        CALL    ALLON                ；调用全亮子程序
        CALL    ALLOFF               ；调用全灭子程序
        AJMP    MAIN1
```

```
****************************************************************
        /*右移子程序*/
****************************************************************
RIGHT:  MOV     R0, #08H
        MOV     A, #0FFH
        CLR     C                       ; 用RR指令如何修改程序
RIGHT1: RRC     A
        MOVX    @DPTR, A                ; 指令功能________
        CALL    DELAY
        DJNZ    R0, RIGHT1              ; 指令功能________
        RET
****************************************************************
        /*左移子程序*/
****************************************************************
LEFT:   MOV     R0, #___                ; 灯循环左移次数
        MOV     A, #0FFH
        CLR     C
LEFT1:  RLC     A
        MOVX    @DPTR, A                ; 指令功能_____
        CALL    DELAY
        DJNZ    R0, LEFT1               ; 8个灯循环两次后停止, 如何修改程序
        RET
****************************************************************
        /*全亮子程序*/
****************************************************************
ALLON:  MOV     A, #00H
        MOVX    @DPTR, A
        CALL    DELAY
        RET
****************************************************************
        /*全灭子程序*/
****************************************************************
ALLOFF: MOV     A, #0FFH
        MOVX    @DPTR, A
        CALL    DELAY
        RET
****************************************************************
        /*延时子程序*/
****************************************************************
```

```
DELAY:    MOV    R5，#20
DELAY1:   MOV    R6，#200
DELAY2:   MOV    R7，#123
          DJNZ   R7，$
          DJNZ   R6，DELAY2
          DJNZ   R5，DELAY1
          RET
          END
```

7. 调试程序步骤

(1) 与实验定时器/计时器应用一的(1)～(3)步相同。

(2) 调试程序，将光标指向 CALL LEFT，用运行到光标处执行程序的方法，查看灯能否右移，若不能，查看状态口地址是否正确，控制字的设置是否正确(PA 口为方式 0 输出)，发送数据是否正确。将光标指向 CALL ALLON，用运行到光标处执行程序，查看灯能否左移，依次类推，调试其余程序。

8. 思考题

(1) 分析并完成参考程序中的填空内容，写出调试好的程序。

(2) 要求控制灯循环两次后停止，应如何修改程序？

(三) 8255 输入/输出应用三

1. 实验目的

了解 8255 控制字的功能。

掌握 8255 工作方式和编程方法。

熟悉交通灯控制。

2. 实验仪器和设备

QTH-2008XS 单片机实验仪一台，PC 机一台，QTH-2008XS 单片机开发环境，9 根导线，3 组排线。

3. 实验要求

8255 控制交通红绿灯；

PA5—L1(红)，PA4—L2(黄)，PA3—L3(绿)，南北；

PA2—L7(红)，PA1—L8(黄)，PA0—L9(绿)，东西；

ST0：初始状态全为红；

ST1：南北绿灯(5 s)，东西红灯(5 s)；

ST2：南北黄灯闪烁(3 次)，东西红灯亮；

ST3：南北红灯亮(5 s)，东西绿灯亮(5 s)；

ST4：南北红灯，东西黄灯闪烁(3 次)。

4. 实验连线

$\overline{WR}$ 连 P3.6，$\overline{RD}$ 连 P3.7，$\overline{CE}$ 连 8000H，数据线与仿真单片机的数据线相连，地址高

8 位、低 8 位分别与单片机部分地址线相连，PA0 连 L7，PA1 连 L6，PA2 连 L5，PA3 连 L3，PA4 连 L2，PA5 连 L1。

5. 实验参考流程图

8255 输入/输出应用三程序流程图如图 3.36 所示。

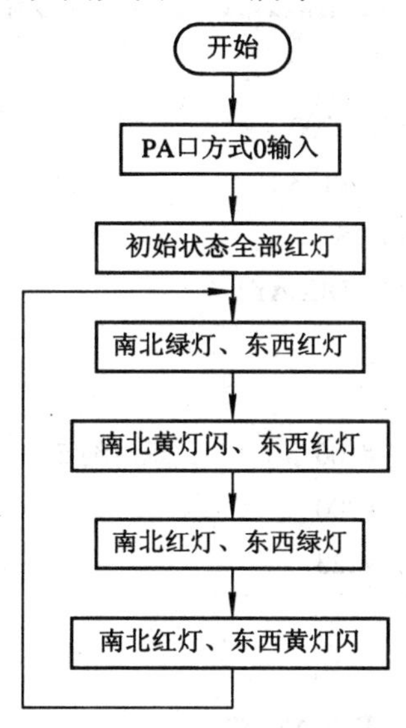

图 3.36　8255 输入/输出应用三程序流程图

6. 实验参考程序

交通灯控制程序较长，可以分步按交通灯控制顺序编写程序，每一步程序调试好后，再编写下一步程序。

(1) 程序设定 8255 的 PA 口为输出口，初始状态全为红灯。

```
A8255    XDATA   8000H          ；PA 口地址
B8255    XDATA   8001H          ；PB 口地址
C8255    XDATA   8002H          ；PC 口地址
D8255    XDATA   8003H          ；状态口地址
*******************************************************************
         /*主程序*/
*******************************************************************
            ORG     0000H
            AJMP    TRAFFIC
            ORG     0030H
TRAFFIC：   MOV     DPTR，  #____        ；状态口
            MOV     A，   #____          ；方式 0 输出
            MOVX    @DPTR，A
            MOV     DPTR，#8000h
ST0：       MOV     A，#____             ；初始状态全为红灯
            MOVX    @DPTR，A
```

```
            CALL    DELAY
            SJMP    ST0
************************************************************
            /*延时子程序*/
************************************************************
；50 ms 延时子程序
DELAY：      MOV     R5，#200
DELAY1：     MOV     R6，#123
            DJNZ    R6，$
            DJNZ    R5，DELAY1
            RET
；5 s 延时子程序
DELAY5S：    MOV   R5，#100        ；延时约 5 s
DELAY5S0：   MOV   R6，#200
DELAY5S1：   MOV   R7，#123
DELAY5S2：   NOP
            NOP
            DJNZ  R7，  DELAY5S2
            DJNZ  R6，  DELAY5S1
            DJNZ  R5，  DELAY5S0
            RET
```

(2) 调试好第一步，删除 SJMP ST0 继续编写程序。编程实现交通灯第一状态 ST1：南北绿灯，东西红灯(设定延时时间为 5 s)。

```
ST1：     MOV      A，#_____          ；设定南北绿灯，东西红灯
         MOVX     @DPTR，A
         CALL     DELAY5S
         SJMP     ST0
```

(3) 调试好第二步，删除 SJMP ST0 继续编写程序。编程实现交通灯第二状态 ST2：南北黄灯闪烁，东西红灯亮(间隔时间为 50 ms，闪烁 3 次)。

```
ST2：     MOV      R0，#_____         ；闪烁次数
ST20：    MOV      A，#_____          ；南北黄灯亮，东西为红灯
         MOVX     @DPTR，A
         CALL     DELAY
         MOV      A，#_____          ；南北黄灯灭，东西为红灯
         MOVX     @DPTR，A
         CALL     DELAY
         DJNZ     R0，ST20
         SJMP     ST0
```

(4) 调试好第三步，删除 SJMP ST0 继续编写程序。编程实现交通灯第三状态 ST3：南

北红灯亮，东西绿灯亮。

```
ST3:    MOV     A，#_____        ；南北红灯亮，东西绿灯亮
        MOVX    @DPTR，A
        CALL    DELAY5S
        SJMP    ST0
```

(5) 调试好第四步，删除 SJMP ST0 继续编写程序。编程实现交通灯第四状态 ST4：南北红灯，东西黄灯闪烁。

```
ST4:    MOV     R0，#5
ST40:   MOV     A，#_____        ；南北红灯，东西黄灯亮
        MOVX    @DPTR，A
        CALL    DELAY
        MOV     A，#_____        ；南北红灯，东西黄灯灭
        MOVX    @DPTR ，A
        CALL    DELAY
        DJNZ    R0，ST40
        SJMP    ST0
```

7. 调试程序步骤

(1) 与实验定时器/计时器应用一的(1)～(3)步相同。

(2) 调试程序。由于交通灯控制程序通常控制的功能较多，若将所有程序编好调试，中间出现问题难以找到，因此，采用分步调试的方法，每一步的功能实现后，再继续下面的操作。若调试中经常出现灯常亮，应检查延时子程序能否正常返回；若交通灯显示的状态不正确，应检查发送的控制状态是否正确。

8. 思考题

(1) 分析并完成参考程序中的填空内容，写出调试好的程序。

(2) 画出单片机 89C51 与 8255 的连接图。

(3) 程序要求加倒计时显示，应如何编写程序？

(4) 若交通灯的控制考虑有急救车通过或紧急情况下红灯全亮，采用中断的方式实现，应如何修改程序，并进行调试？

实验十一　A/D 转换实验

一、预习内容

1. ADC0809 引脚功能

IN0～IN7：8 路模拟信号输入端，由地址锁存及译码控制单元的三位地址 A、B、C 进行选通切换。

START：A/D 转换启动控制信号输入端。

ALE：地址锁存信号输入端，START 和 ALE 用于启动 A/D 转换。

$V_{REF(+)}$和 $V_{REF(-)}$：正、负基准电压输入端。

OE：输出允许控制信号输入端，A/D 转换后的数据进入三态输出数据锁存器，并在 OE 的作用下(OE 为高电平)，通过 D0～D7 将锁存器的数据送出。

EOC：A/D 转换结束标志信号。当 EOC 为高电平时，表示转换结束，因此，EOC 可作为 CPU 的中断或查询信号。

CLK：ADC0809 内部没有时钟电路，故时钟信号应由外部送入 CLK 端。

2．ADC0809 输入通道选择方法

A、B、C：8 路模拟开关的三位地址选通输入端，用于选择对应的输入通道，其对应关系如表 3.11 所示。

表 3.11　三位地址与输入通道的对应关系

地 址 码			对应的输入通道
C	B	A	
0	0	0	IN0
0	0	1	IN1
0	1	0	IN2
0	1	1	IN3
1	0	0	IN4
1	0	1	IN5
1	1	0	IN6
1	1	1	IN7

3．A/D 转换的步骤

(1) 使 ALE 有效，锁存通道号。

(2) 使 START 有效，即启动 A/D 开始转换。

(3) 过 64 μs 后 EOC 有效，转换完毕。

(4) 使 OE 有效，读出 A/D 转换后的数字量。

4．启动 A/D 转换和数据传送

启动 A/D 转换只需使用 1 条 MOVX 指令。例如，当要选择 IN0 通道时，可采用如下两条指令，即可启动 A/D 转换：

```
MOV   DPTR，#FE00H         ；送入 0809 的口地址
MOV   X @DPTR，A           ；启动 A/D 转换(IN0)
```

注意：此处的 A 与 A/D 转换无关，可为任意值。

A/D 转换后得到的数据为数字量，这些数据应传送给单片机进行处理。数据传送的关键问题是如何确认 A/D 转换的完成，因为只有确认数据转换完成后，才能进行传送。通常可采用下述三种方式。

(1) 定时传送方式。对于一种 A/D 转换器来说，转换时间作为一项技术指标是已知的和固定的。

(2) 查询方式。A/D 转换芯片有表示转换结束的状态信号，例如 ADC0809 的 EOC 端，查询状态信号就知道是否转换结束。

(3) 中断方式。如果把表示转换结束的状态信号(EOC)作为中断请求信号，那么，便可以中断方式进行数据传送。

不管使用上述哪种方式，只要确认转换结束，就可通过指令进行数据传送。所用的指令为 MOV X 读指令：

```
MOV     DPTR，#FE00H
MOVX    A，@DPTR
```

二、实验练习

1. 实验目的

了解 A/D 转换与单片机的接口方法。

掌握 ADC0809 转换性能及编程方法。

熟悉用查询方式读取 A/D 转换结果的程序设计方法。

2. 实验仪器和设备

QTH-2008XS 单片机实验仪一台，PC 机一台，QTH-2008XS 单片机开发环境，7 根导线，3 组排线。

3. 实验要求

本实验利用实验板上的 ADC0809 做 A/D 转换实验，通过 ADC0809 的输入端输入模拟信号将模拟信号转换成数字信号并在 LED 上显示，调节电位器观察 LED 的变化。

4. 实验连线

电位器电压输出端(VOUT)接 ADC0809 通道 0(IN0)，选通信号 CS 接译码电路 8000H，CLK 接振荡电路的脉冲输出端，串/并转换的 DIN 接 P3.0，CLK 接 P3.1，SWR 接 P3.6，SRD 接 P3.7。数据线与仿真单片机的数据线相连，地址高 8 位、低 8 位分别与单片机部分地址线相连，部分连接电路图如图 3.37 所示。

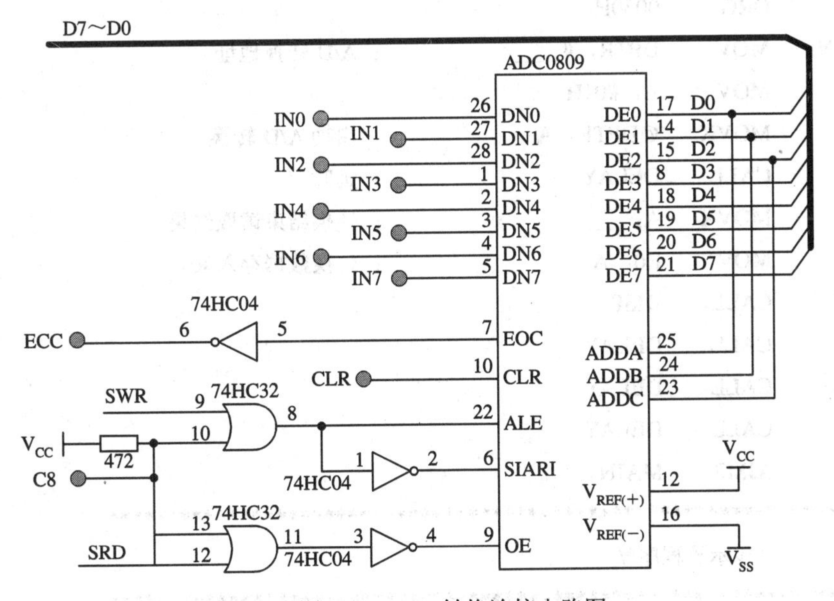

图 3.37　A/D 转换连接电路图

5．实验流程图

A/D 转换程序流程图如图 3.38 所示。

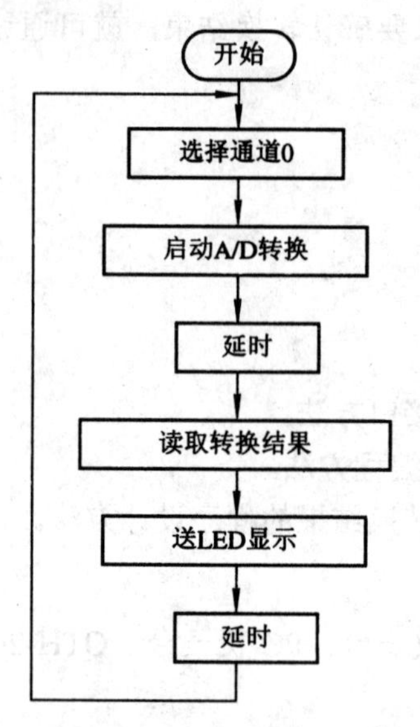

图 3.38　A/D 转换程序流程图

6．实验程序

```
AD0809      XDATA     8000H
*************************************************************
            /*采用查寻方式 A/D 转换程序*/
*************************************************************
            ORG       0000H
            AJMP      MAIN
            ORG       0030H
MAIN:       MOV       DPTR，#____            ；A/D 转换地址
            MOV       A，#01H
            MOVX      @DPTR，A               ；启动 A/D 转换
            CALL      DELAY                  ；延时
            MOVX      A，___                 ；转换结束读取结果
            MOV       R0，A                  ；转换数据存入 R0
            CALL      DISP
            CALL      DELAY
            CALL      DELAY
            CALL      DELAY
            AJMP      MAIN
*************************************************************
            /*显示子程序*/
*************************************************************
```

```
DISP:    MOV     A, R0              ; 取出数据
         ANL     A, #___            ; 取出低位
         ACALL   DSEND              ; 显示
         MOV     A, R0
         SWAP    A
         ANL     A, #___            ; 取出高位
         ACALL   DSEND              ; 显示
         RET
DSEND:   MOV     DPTR, #SGTB1
         MOVC    A, @A+DPTR         ; 取字符
         MOV     SBUF, A            ; 指令功能______
         JNB     TI, $              ; 指令功能______
         CLR     TI
         RET
*************************************************************
         /*延时程序*/
*************************************************************
DELAY:   MOV     R4, #250           ; 延时
DELAY1:  MOV     R5, #250
         DJNZ    R5, $
         DJNZ    R4, DELAY1         ; 计算延时时间_______
         RET
*************************************************************
         /*字符编码*/
*************************************************************
SGTB1:   DB      03H        ; 0
         DB      9FH        ; 1
         DB      25H        ; 2
         DB      0DH        ; 3
         DB      99H        ; 4
         DB      49H        ; 5
         DB      41H        ; 6
         DB      1FH        ; 7
         DB      01H        ; 8
         DB      09H        ; 9
         DB      11H        ; A
         DB      0C1H       ; B
         DB      63H        ; C
```

```
        DB      85H         ; D
        DB      61H         ; E
        DB      71H         ; F
        DB      00H
        END
```

7．调试程序步骤

(1) 与实验定时器/计时器应用一的(1)～(3)步相同。

(2) 调试程序，将光标设置于 CALL DELAY 指令，执行程序，调试运行到光标处，然后查看外部数据存储器 8000H 的内容是否等于 01H，若相等，则证明 A/D 转换已经启动。将光标设置于 CALL DISP，执行调试运行到光标处，查看寄存器窗口 R0 的内容。最后屏蔽全速运行程序，观察显示数值与 R0 的值是否相同。

8．思考题

(1) 分析并完成参考程序中的填空内容，写出调试好的程序。

(2) 调整电位器，观察显示结果，测出输入与输出的对应关系。

(3) 画出单片机与 ADC0809 的连接电路图。

(4) ADC0809 与 MCS-51 单片机连接时有哪些控制信号？其作用是什么？

(5) 如何启动和实现 A/D 转换？

实验十二　D/A 转换实验

一、预习内容

DAC0832 的引脚功能如下：

D0～D7：8 位数据输入线。

ILE：数据锁存允许信号，高电平有效。

$\overline{CS}$：输入寄存器选通信号，低电平有效。

$\overline{WR1}$：输入寄存器写选通信号，低电平有效。

$\overline{WR2}$：DAC 寄存器写选通信号，低电平有效。

$\overline{XFER}$：数据传送信号，低电平有效。

V_{REF}：D/A 转换基准电压输入线。

Rfb：反馈信号输入线，内部接反馈电阻，外部通过该引脚接运放输出端。

IOUT1、IOUT2：电流输出，IOUT1 随 DAC 寄存器内容作线性变化。IOUT1+IOUT2=常数，0832 为电流输出型 DAC，可通过运放将电流信号转换为单端电压信号输出，作用在执行机构上。

二、实验练习

1. 实验目的

熟悉 D/A 转换的基本原理，以及 DAC 0832 的性能和编程方法。

2. 实验仪器和设备

QTH-2008XS 单片机实验仪一台，PC 机一台，QTH-2008XS 单片机开发环境，7 根导线，3 组排线。

3. 实验要求

编写程序，通过 0832D/A 转换模块分别输出阶梯波、锯齿波和方波，用示波器观察波形。

4. 实验连线

CS 接译码电路的 8000H，AOUT 接示波器，SWR 接 P3.6，SRD 接 P3.7，数据线与仿真单片机的数据线相连，地址高 8 位、低 8 位分别与单片机部分地址线相连，部分连接电路图如图 3.39 所示。

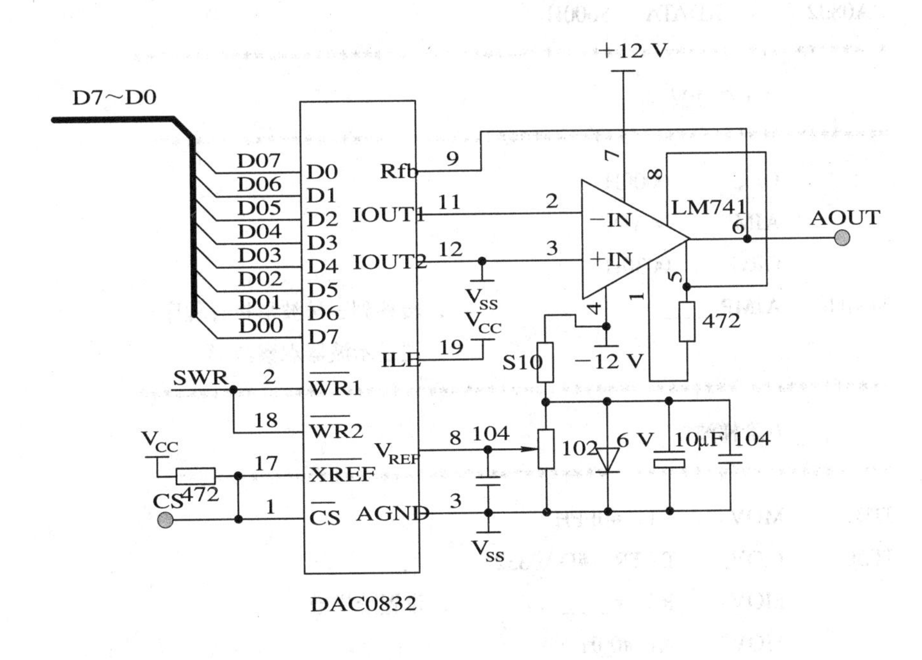

图 3.39　D/A 转换连接电路图

5. 实验程序流程图

D/A 转换程序流程图如图 3.40 所示。

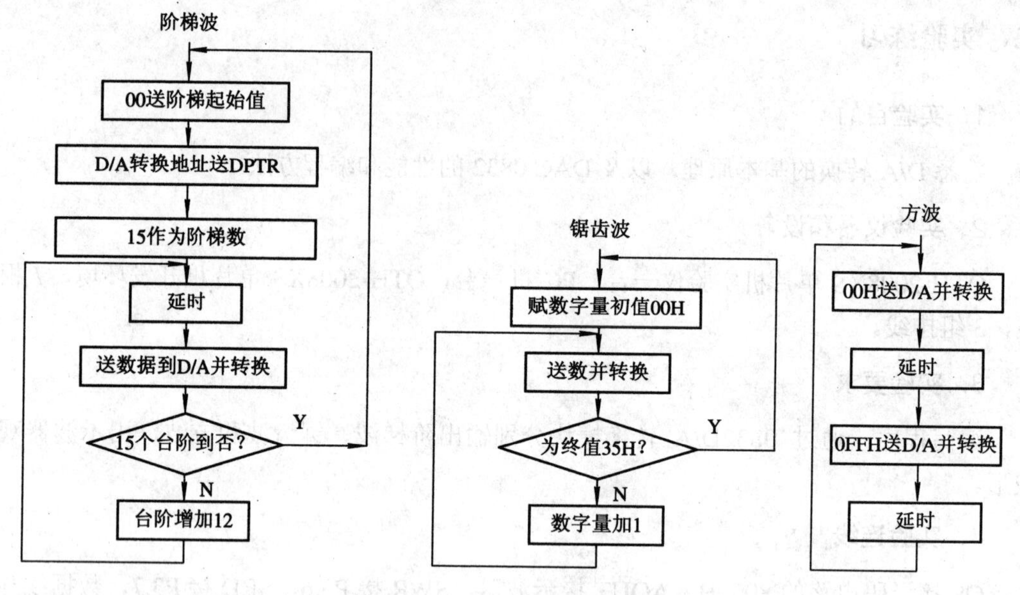

图 3.40 D/A 转换程序流程图

6. 实验程序

```
DA0832        XDATA   8000H
************************************************************
        /*主程序*/
************************************************************
        ORG     0000H
        AJMP    MAIN
        ORG     0030H
MAIN:   AJMP____                    ；转移到三种波形执行程序
                                    ；通过示波器观察波形
************************************************************
        /*阶梯波*/
************************************************************
JTB:    MOV     R1，#0FFH
JTB0:   MOV     DPTR，#DA0832
        MOV     R0，#____           ；设置阶梯数
        MOV     A，#00H
JTB1:   MOVX    @DPTR，A
        CALL    DELAY1MS
        ADD     A，#____            ；设置增长率
        DJNZ    R0，JTB1
        DJNZ    R1，JTB0
        AJMP    JTB
```

```
****************************************************************
        /*锯齿波*/
****************************************************************
JCB:      MOV     DPTR，#DA0832
JCB1:     MOV     A，#00H             ；锯齿波最小值为 0
JCB2:     MOVX    @DPTR，A
          INC     A
          CJNE    A，#___，JCB2       ；锯齿波最大值比较
          AJMP    JCB1
****************************************************************
        /*方波 */
****************************************************************
FB:       MOV     DPTR，#DA0832
FB1:      MOV     A，#0               ；方波最小值
          MOVX    @DPTR，A
          CALL    DELAY2MS
          MOV     A，#____            ；设置方波最大值
          MOVX    @DPTR，A
          CALL    DELAY2MS
          AJMP    FB1
****************************************************************
        /*延时程序*/
****************************************************************
DELAY1MS:     MOV     R1，#01H        ；指令功能_____
DL0:          MOV     R2，#225
              DJNZ    R2，$
              DJNZ    R1，DL0
              RET
DELAY2MS:     CALL    DELAY1MS
              CALL    DELAY1MS
              RET
DELAY_3S:     PUSH    01H
              PUSH    02H
              PUSH    03H
              MOV     R1，#10         ；延时约 3 秒
DELAY_3S0:    MOV     R2，#225
DELAY_3S1:    MOV     R3，#225
DELAY_3S2:    NOP
              NOP
```

```
        DJNZ    R3，DELAY_3S2
        DJNZ    R2，DELAY_3S1
        DJNZ    R1，DELAY_3S0
        POP     03H
        POP     02H
        POP     01H
        RET
    END
```

7．调试程序步骤

(1) 与实验定时器/计时器应用一的(1)～(3)步相同。

(2) 调试程序，将光标分别设置于"AJMP JTB"，"AJMP JCB1"，"AJMP FB1"指令处，执行程序调试到光标处，观察示波器中的波形。

8．思考题

(1) 分析并完成参考程序中的填空内容，写出调试好的程序。

(2) 画出单片机与DAC0832的连接电路图。

(3) DAC0832与MCS-51单片机连接时有哪些控制信号？其作用是什么？

(4) 简述锯齿波转换的方法。

(5) 如何编程实现连续输出10个方波、10个锯齿波、10个阶梯波？

实验十三　可编程序计数器8253实验

一、预习内容

1．8253引脚定义

8253是一种可编程定时/计数器，有三个16位计数器，其计数频率范围为0～2 MHz，用+5 V单电源供电，其引脚功能如下：

D0～D7：双向三态数据总线。

CLK0～CLK3：时钟输入线，计数脉冲输入端。

GATE0～GATE3：门控信号。

OUT0～OUT3：信号输出端。

$\overline{\text{CS}}$：片选信号输入线，低电平有效。

$\overline{\text{RD}}$：读选通信号线，低电平有效。

$\overline{\text{WR}}$：写选通信号线，低电平有效。

A0、A1：端口地址输入线，用于选择内部端口寄存器。

2．CPU对8253的操作

CPU对8253的操作如表3.12所示。

表 3.12　8253 操作状态

A1	A0	$\overline{RD}$	$\overline{WR}$	$\overline{CS}$	操作
0	0	1	0	0	装入计数器 0
0	1	1	0	0	装入计数器 1
1	0	1	0	0	装入计数器 2
1	1	1	0	0	写方式字
0	0	0	1	0	读计数器 0
0	1	0	1	0	读计数器 1
1	0	0	1	0	读计数器 2
1	1	0	1	0	无操作三态
X	X	X	X	1	禁止三态
X	X	1	1	0	无操作三态

3．8253 控制字

8253 控制字的功能如表 3.13 所示。

表 3.13　8253 控制字的功能

D7	SC1	00→计数器 0，01→计数器 1，10→计数器 2，11→非法
D6	SC0	
D5	RL1	00→计数器闩锁操作，01→只读/写高位字节 10→只读写低位字节，11→先读写低位字节，后读写高位字节
D4	RL0	
D3	M2	000→方式 0，001→方式 1，010→方式 2 011→方式 3，100→方式 4，101→方式 5
D2	M1	
D1	M0	
D0	BCD	0→二进制计数，1→BCD 码计数

8253 的六种工作方式：

方式 0：计数结束中断；

方式 1：可编程频率发生；

方式 2：频率发生器；

方式 3：方波频率发生器；

方式 4：软件触发的选通信号；

方式 5：硬件触发的选通信号。

4．8253 的内部结构

1) 数据总线缓冲器

数据总线缓冲器是 8253 与 CPU 数据总线连接的 8 位双向三态缓冲器，CPU 通过数据总线缓冲器将控制命令字和计数初值写入 8253 芯片，或者从 8253 计数器中读取当前计数值。

2) 读/写逻辑

读/写逻辑是 8253 内部操作的控制部分。首先由片选信号 CS 来控制，当 CS 为高时，数据总线缓冲器处在三态，系统的数据总线脱开，故不能进行编程，也不能进行读/写操作。其次，由这部分选择读/写操作的端口(3 个计数器及控制字寄存器)，并控制数据传送的方向。

3) 控制字寄存器

在 8253 初始化编程时，由 CPU 写入控制字以决定通道的工作方式。此寄存器只能写入而不能读出。实际上，8253 的 3 个计数器通道都有各自的控制字寄存器，存放各自的控制字。初始化编程时，这 3 个控制字分三次共用一个控制端口地址写入各自的通道。它们是利用最高两位的状态不同来区分的。

4) 计数器通道

计数器通道包括计数器 0、计数器 1、计数器 2。它们的结构完全相同，彼此可以按照不同的方式独立工作。每个通道包括：一个 8 位的控制寄存器、一个 16 位的计数初值寄存器、一个计数执行部件(它是一个 16 位的减法计数器)、一个 16 位的输出锁存器。每个通道都对输入脉冲 CLK 按二进制或二—十进制，从预置值开始减 1 计数。当预置值减到零时，从 OUT 输出端输出一信号。计数过程中，计数器受到门控信号 GATE 的控制。

二、实验练习

1．实验目的

了解计数器的硬件连接方法及时序关系。

掌握 8253 的各种模式的编程及其原理，用示波器观察各信号之间的时序关系。

2．实验仪器和设备

QTH-2008XS 单片机实验仪一台，PC 机一台，QTH-2008XS 单片机开发环境，7 根导线。

3．实验内容

3.868 MHz 晶振通过 393 分频得到 14.4 kHz 的脉冲，将该脉冲作为 8253 的时钟输入，利用定时器 8253 产生 1 Hz 的方波，发光二极管不停闪烁，用示波器可看到输出的方波。

4．实验连线

振荡电路的输出端连分频电路 T，分频电路 T07 连 8253 的 CLK0，GATE0 连+5 V，OUT0 连 L1(发光二极管)，$\overline{CS}$ 选通线连译码电路中的 9000H，$\overline{WR}$ 连 P3.6，$\overline{RD}$ 连 P3.7。

数据线与仿真单片机的数据线相连，地址高 8 位、低 8 位分别与单片机部分地址线相连。可编程序计数器 8253 实验电路图如图 3.41 所示。

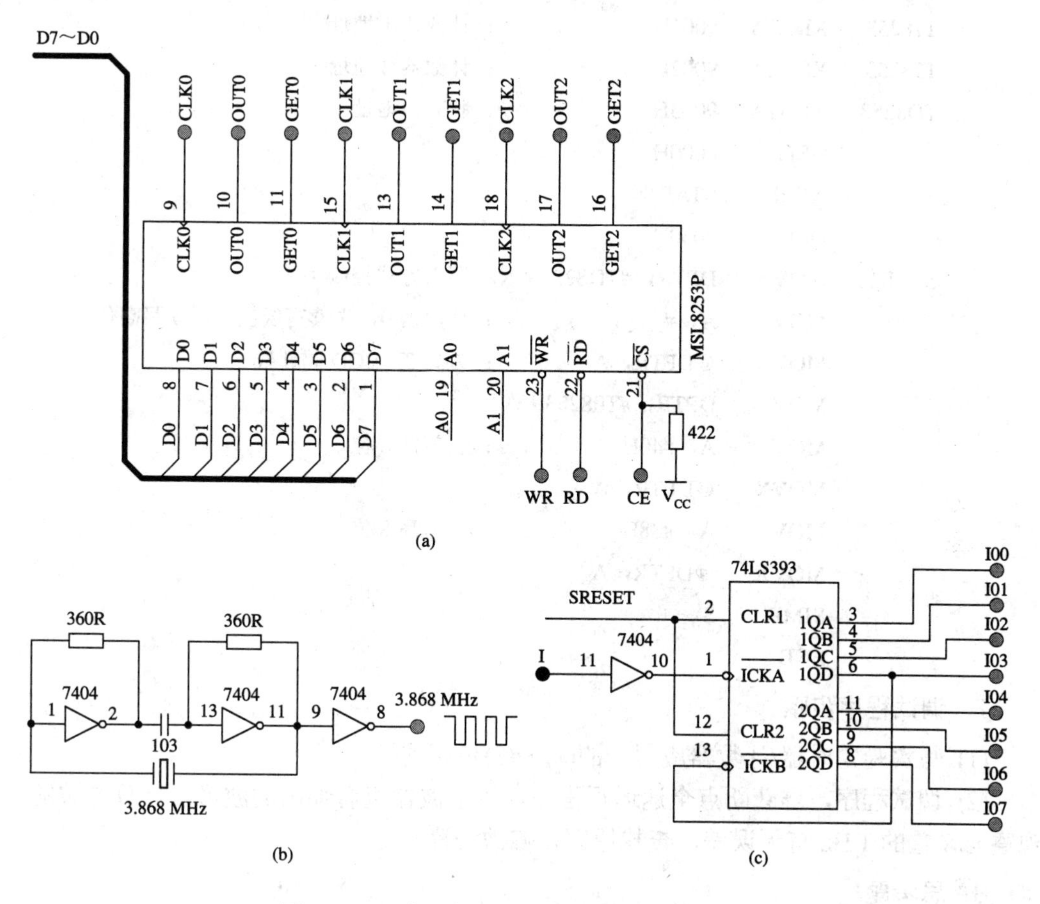

图 3.41　可编程序计数器 8253 实验电路图

(a) 可编程序计数器 8253 电路；(b) 脉冲发生器电路图；(c) 分频电路图

5. 实验参考程序流程图

可编程序计数器 8253 实验流程图 3.42 所示。

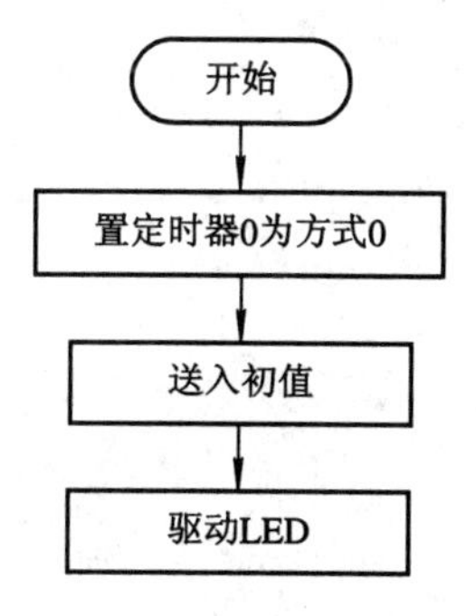

图 3.42　可编程序计数器 8253 实验流程图

6. 实验参考程序

```
T08253   XDATA   9000H          ；计数器 0 地址
T18253   XDATA   9001H          ；计数器 1 地址
T28253   XDATA   9002H          ；计数器 2 地址
TD8253   XDATA   9003H          ；状态口地址
         ORG     0000H
         AJMP    START
         ORG     0030H
START：  MOV     DPTR，#TD8253  ；写入方式控制字
         MOV     A，#___        ；计数器 0，先读写低位，后读写高位
         MOVX    @DPTR，A       ；方式 3，BCD 码计数
         MOV     DPTR，#T08253
         MOV     A，#40H        ；初值低 8 位
         MOVX    @DPTR，A
         MOV     A，#38H        ；初值高 8 位
         MOVX    @DPTR，A
         SJMP    $
         END
```

7. 调试程序步骤

(1) 与实验定时器/计数器应用一的(1)～(3)步相同。

(2) 调试程序，屏蔽断点全速运行程序，用示波器查看输出的波形。计算方波的频率，观察与设置的 1 Hz 有无误差，查找原因，修改程序。

8. 思考题

(1) 简述可编程序计数器 8253 芯片计数的方法。

(2) 分析利用定时器 8253 产生 1 Hz 的方波的过程。

第四章　单片机综合实训

实训一　电 子 音 乐

一、实训目的

熟悉利用定时器编制不同音乐的原理及编程方法，中断程序的编写方法，以及查表程序。

二、实训设备与器件

实训设备：QTH-2008XS 单片机实验仪，QTH-2008XS 开发软件，PC 机。

实训器件：喇叭，专用导线，LM386 低电压音频放大器。

三、实训内容

(一) 单曲播放

1. 实训要求

用定时器 T1 方式 1 来产生歌谱中各音符对应频率的方波，由 P1.0 输出驱动喇叭。通过调用延时子程序(200 ms 的延时子程序)的次数来实现节拍控制。若以 1600 ms 每拍为例，那么每拍需要循环调用延时子程序 8 次，同理，半拍就需要调用 4 次。用单片机控制循环播放一首歌曲。

编程方法：通过控制定时器的定时时间来产生不同频率的方法，驱动喇叭发出不同音阶的声音，再利用延时来控制发音时间的长短，即可控制音调中的节拍。把乐谱中的音符和相应的节拍变换为定时常数和延时常数，作为数据表格存放在存储器中。由查表程序得到定时常数和延时常数，分别用以控制定时器产生的方波频率和该频率方波的持续时间。当延时时间到时，再查看下一个音符的定时常数和延时常数。依次下去，就可以自动演奏出悦耳的乐曲。

乐曲中的音符、频率及计时常数三者的对应关系如表 4.1 所示。设晶振频率为 12 MHz。

表 4.1　音符、频率及计时常数三者的对应关系

C 调音符	5(低音)	6(低音)	7(低音)	1	2	3	4	5	6	7
频率/Hz	392	440	494	524	588	660	698	784	880	988
半周期/ms	1.28	1.14	1.01	0.95	0.85	0.76	0.72	0.64	0.57	0.51
定时值	FB00	FB8C	FC0E	FC4A	FCAE	FD08	FD30	FD80	FDC6	FE02

2. 实训连线

LM386 是低电压音频放大器。将 VIN 接 P1.0，部分连接电路图如图 4.1 所示。

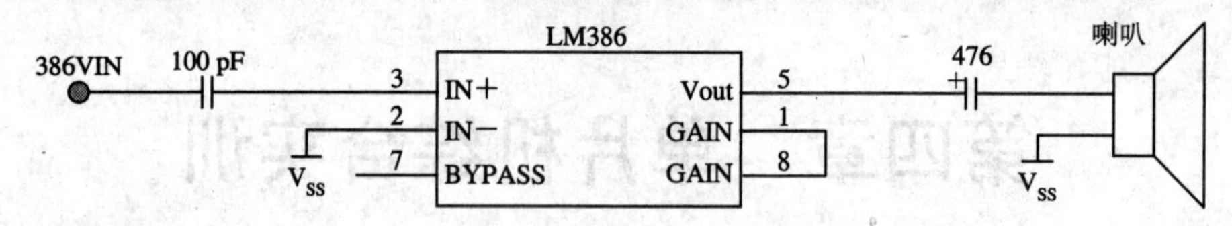

图 4.1　喇叭连接电路图

3. 实训程序流程图

单曲播放程序流程图如图 4.2 所示。

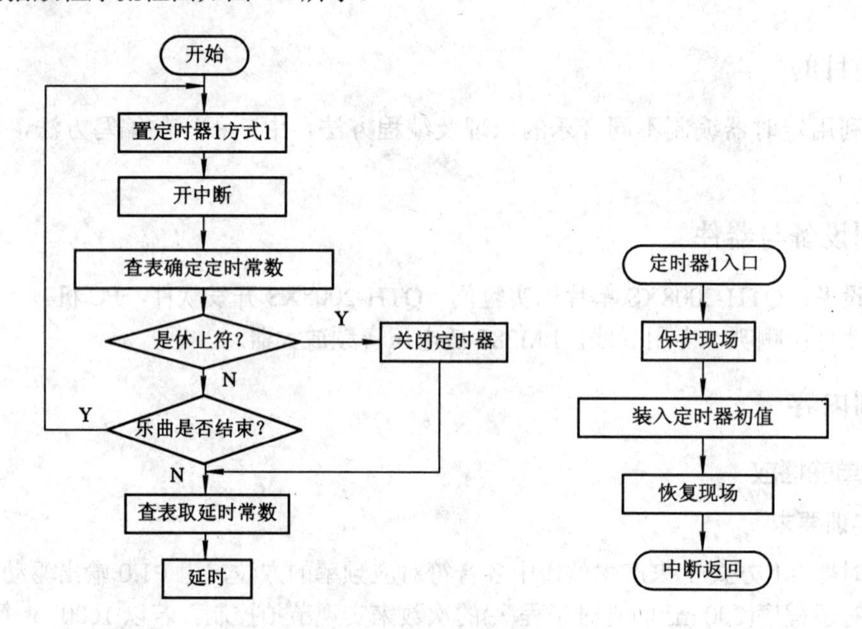

图 4.2　单曲播放程序流程图

4. 实训参考程序

```
        ORG     0000H
        AJMP    START
        ORG     001BH
        AJMP    TIME
************************************************************
                /*主程序*/
************************************************************
        ORG     0030H
START:  MOV     TMOD，#________      ；定时器 1 方式 1
        MOV     IE，#________        ；允许定时器 1 中断
        MOV     DPTR，#________      ；音乐表首地址
LOOP:   CLR     A
        MOVC    A，@A+DPTR           ；取节拍
        MOV     R1，A
```

```
        INC     DPTR
        CLR     A
        MOVC    A，@A+DPTR
        MOV     R0，A
        ORL     A，R1
        JZ      NEXT0                ；是休止符，转停止发音
        MOV     A，R0
        ANL     A，R1
        CJNE    A，#0FFH，NEXT       ；没有结束，转下一拍
        AJMP    START
*************************************************************
                /*定时器 1 中断子程序*/
*************************************************************
NEXT：  MOV     TH1，R1
        MOV     TL1，R0
        SETB    TR1
        SJMP    NEXT1
NEXT0： CLR     TR1                  ；是休止符，关闭定时器，停止发音
NEXT1： CLR     A
        INC     DPTR
        MOVC    A，@A+DPTR           ；取延时常数
        MOV     R2，A
LOOP1： CALL    DELAY200MS
        DJNZ    R2，LOOP1
        INC     DPTR
        AJMP    LOOP
*************************************************************
                /*延时子程序*/
*************************************************************
DELAY200MS：    MOV     R4，#81H
DEL1：          MOV     R3，#0FFH
                DJNZ    R3，$
                DJNZ    R4，DEL1
                RET
TIME：          MOV     TH1，R1
                MOV     TL1，R0
                CPL     P1.0
                RETI
TAB：           DB      0FCH，4AH，04H，0FCH，4AH，04H
```

```
DB      0FCH，4AH，08H，0FBH，00H，08H
DB      0FDH，08H，04H，0FDH，08H，04H
DB      0FDH，08H，08H，0FCH，4AH，08H
DB      0FCH，4AH，04H，0FDH，08H，04H
DB      0FDH，80H，08H，0FDH，80H，08H
DB      0FDH，30H，04H，0FDH，08H，04H
DB      0FCH，0AEH，08H，00H，00H，08H
DB      0FFH，0FFH
END
```

(二) 音调的播放

1．实训要求

编制程序，利用 74LS244 和开关量，决定输出音调，然后利用单片机 P1.0 口输出不同频率的脉冲，通过扬声器发出不同频率音调。

2．实训连线

LM386 是低电压音频放大器。将 VIN 接 P1.0，如图 4.1 所示。74LS244 的 CS 接译码电路的 8000H，A7～A0 接开关 K1～K8。

3．实训参考流程图

音调播放实训参考流程图如图 4.3 所示。

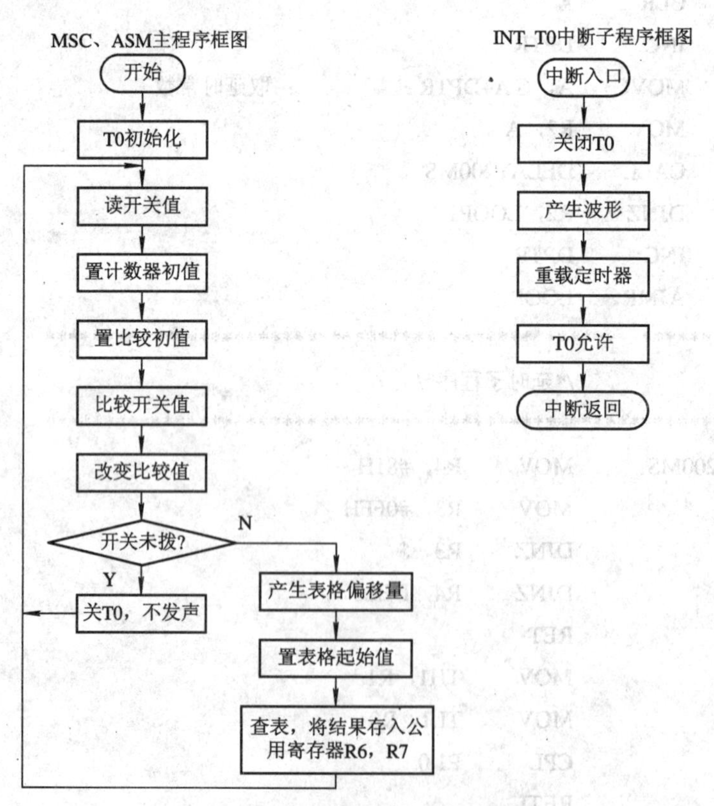

图 4.3　音调的播放实训程序流程图

4. 实训参考程序

系统晶振频率为 11.0592 MHz。

```
PI      EQU     ________            ；开关输入口地址
        ORG     0000H
        LJMP    START
        ORG     000BH               ；T0 中断程序入口地址
        LJMP    INT_T0
        ORG     0040H
START:
        MOV     SP，#60H
        MOV     TMOD，#01H          ；T0 方式 1
        CLR     TR0                 ；关 T0
        SETB    ET0
        SETB    EA                  ；开中断
READ:
        MOV     DPTR，#PI
        MOVX    A，@DPTR            ；读开关值
        MOV     R1，A
        MOV     R0，#08H            ；置计数器初值
        MOV     A，#01H             ；置比较初值
KEY:
```

```
        ANL     A，R1
        JZ      SOUND
        RL      A                   这段程序的功能____________
        DJNZ    R0，KEY             ______________________
        CLR     TR0
        SJMP    READ
SOUND:
        DEC     R0
        MOV     A，R0
        ADD     A，R0               ；产生表格偏移量
        MOV     R0，A
        MOV     DPTR，#FREQUENCY    ；置表格起始值
        MOVC    A，@A+DPTR
        MOV     R7，A               ；查表，将结果存入公用寄存器 R6，R7
        MOV     A，R0
        INC     A
        MOVC    A，@A+DPTR
        MOV     R6，A
```

```
            SETB   TR0                                  ；指令功能__________
            SJMP   READ
INT_T0:     CLR    TR0                                  ；T0 关闭
            CPL    P1.0                                 ；产生波形
            MOV    TH0，R7                              ；指令功能__________
            MOV    TL0，R6
            SETB   TR0
            RETI
FREQUENCY:                                              ；音阶频率表
            DB     0FCH，8FH，0FCH，5BH，0FBH，0E9H，0FBH，68H    ；i，7，6，5
            DB     0FAH，0D8H，0FAH，8CH，0F9H，0E1H，0F9H，21H   ；4，3，2，1
            END
```

四、实训要求与思考题

(1) 分析并完成参考程序中的填空内容。

(2) 输入程序并汇编通过，纠错无误，屏蔽断点全速运行程序，实现要求的功能。

(3) 如何计算频率为 11.0592 MHz 的定时初值？

(4) 修改程序，用外部中断 $\overline{\text{INT0}}$ 、$\overline{\text{INT1}}$ 方式实现播放两首歌曲。

(5) 如果增加显示歌曲编号，应如何连接线路及编写程序？

(6) 如何确定 74LS244 的扩展口地址？

实训二　电 机 驱 动

一、实训目的

熟悉直流电机的基本控制方法和步进电机的基本控制方法。

二、实训设备与器件

实训设备：QTH-2008XS 单片机实验仪，QTH-2008XS 开发软件，PC 机。

实训器件：专用导线，直流电机，电位器，步进电机。

三、实训内容

(一) 直流电机驱动

1．实训要求

由 CH0、CH1 来控制电机转动方向，由 DJ 来控制电机的转速。控制电机按照正转→停止→反转→停止的顺序运转。将 CH0 接 P1.0，CH1 接 P1.1，DJ 接电位器 OUT DC 孔，调节电位器可以控制转动的速度。

2．实验连线

DJ 接电位器输出端 OUT DC 孔，CH0 接 P1.0，CH1 接 P1.1。电机驱动电路图如图 4.4 所示。

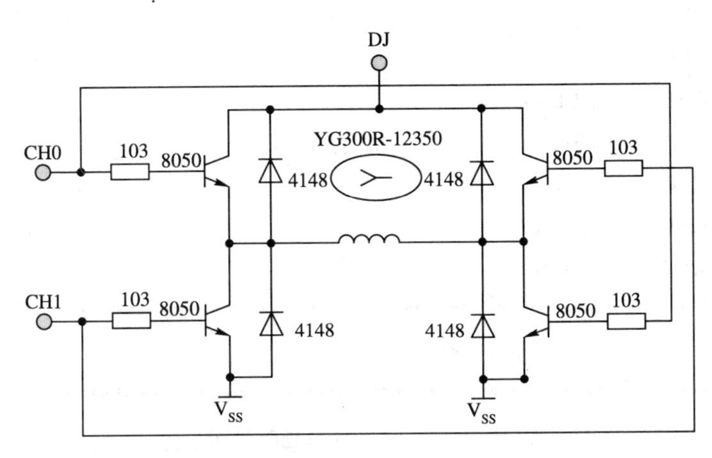

图 4.4　电机驱动电路图

3．实训步骤

(1) 当 CH0=0，CH1=1 时，正转。

(2) 当 CH0=1，CH1=0 时，反转。

(3) 当 CH0=0，CH1=0 时，停止。

(4) CH0、CH1 也可由单片机控制，将 CH0 接 P1.0，CH1 接 P1.1，DJ 接电位器 OUT DC 孔。

(5) 如果发现电机不转，则应调节电位器，执行程序，观察电机转动情况。

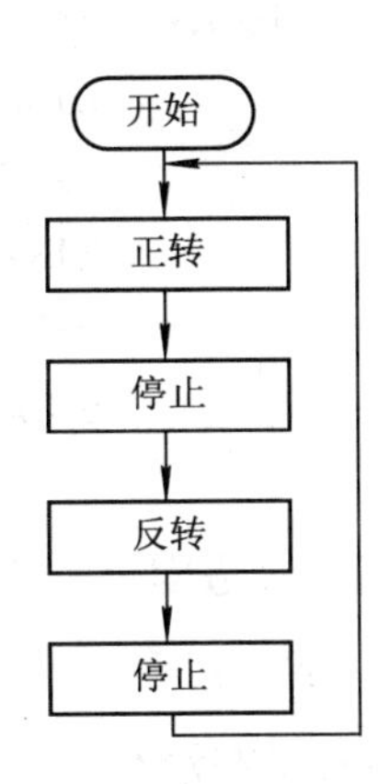

图 4.5　电机驱动程序流程图

4．实训程序流程图

电机驱动程序流程图如图 4.5 所示。

5．实训程序

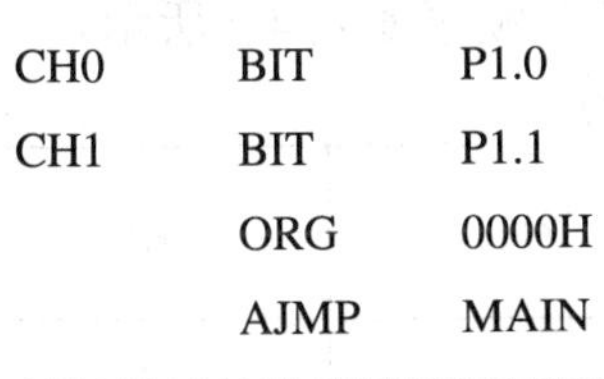

```
CH0     BIT     P1.0
CH1     BIT     P1.1
        ORG     0000H
        AJMP    MAIN
****************************************************************
                /*主程序*/
****************************************************************
        ORG     0030H
MAIN:   MOV     P1，#00H
        CLR     CH0             ；正转
        SETB    CH1
        CALL    DELAY
```

```
        CLR     CH0              ；停止
        CLR     CH1
        CALL    DELAY
        SETB    ________         ；反转
        CLR     ________
        CALL    DELAY
        CLR     CH0              ；停止
        CLR     CH1
        CALL    DELAY
        AJMP    MAIN
**************************************************************
                /*延时子程序*/
**************************************************************
DELAY：  MOV     R5，#2FH         ；计算延时时间____________
DELAY2： MOV     R6，#0FFH
DELAY1： MOV     R7，#0FFH
        DJNZ    R7，$
        DJNZ    R6，DELAY1
        DJNZ    R5，DELAY2
        RET
        END
```

(二) 步进电机驱动

1. 实训内容

单片机在没有中断$\overline{\text{INT0}}$为高电平(K01 为高电平)时，步进电机正转；当 INT0 中断响应(K01 为低电平)时，步进电机反转。开关 K01 接外部中断$\overline{\text{INT0}}$，步进电机引线端 HA 接 P2.0，HB 接 P2.1，HC 接 P2.2，HD 接 P2.3。步进电机开关顺序如表 4.2 所示。

表 4.2　步进电机开关顺序

（正转：STEP 1→8，向下；反转：STEP 8→1，向上）

引线 / STEP	HA	HB	HC	HD
1	+	−	−	−
2	+	−	−	+
3	−	−	−	+
4	−	−	+	+
5	−	−	+	−
6	−	+	+	−
7	−	+	−	−
8	+	+	−	−

2．实训连线

步进电机的 HA 接 P2.0，HB 接 P2.1，HC 接 P2.2，HD 接 P2.3，开关电路 K01 接单片机的外部中断 0(P3.2)，步进电机驱动连接电路图如图 4.6 所示。

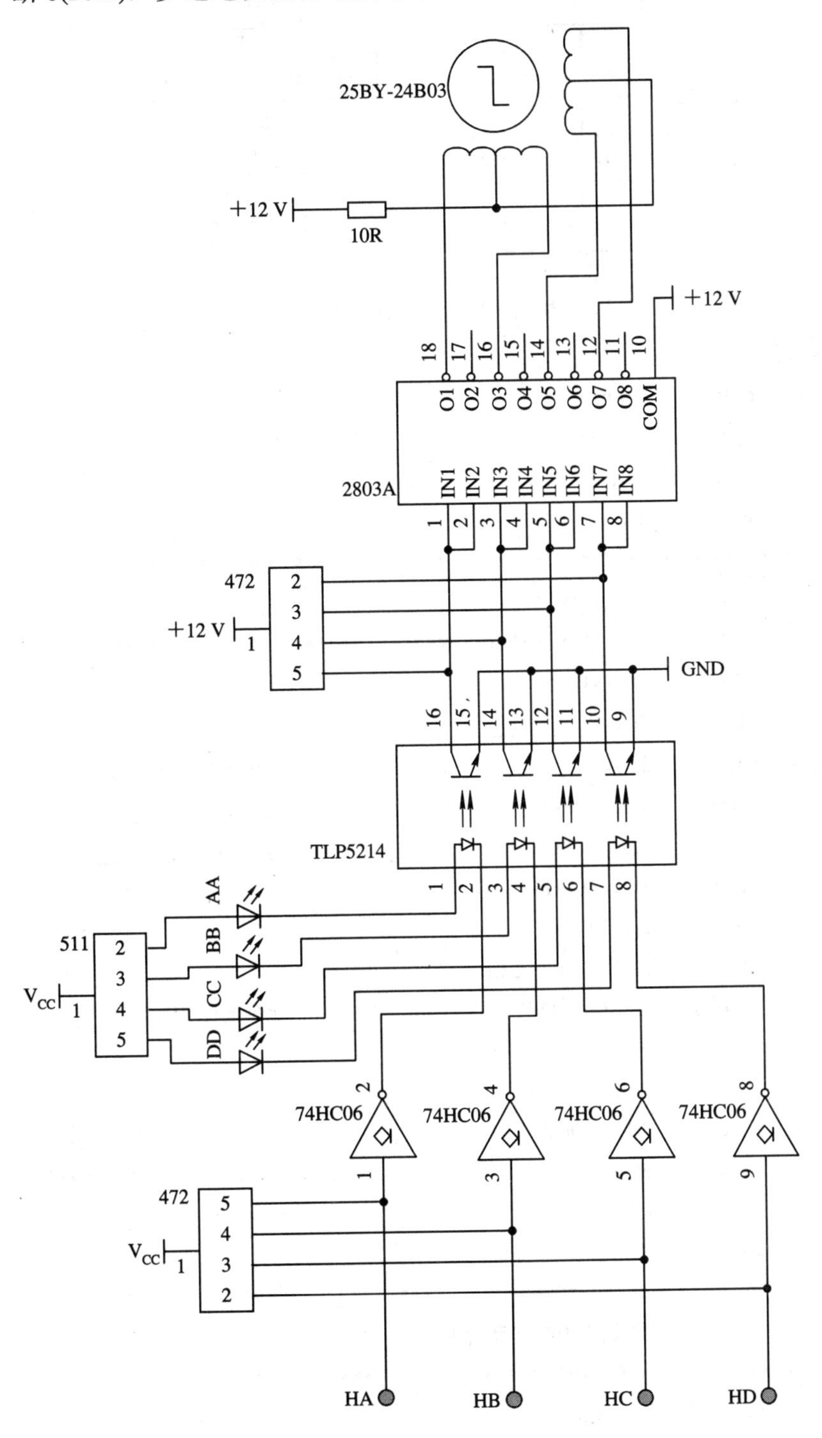

图 4.6　步进电机驱动连接电路图

3．实训程序流程图

步进电机控制程序流程图如图 4.7 所示。

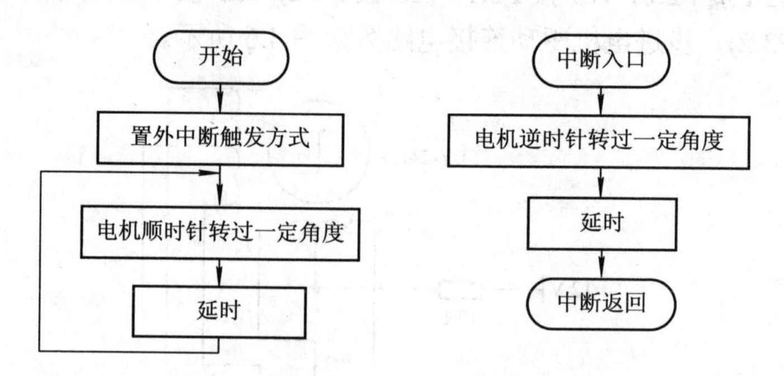

图 4.7　步进电机控制程序流程图

4．实训程序

```
        ORG     0000H
        AJMP    MAIN
        ORG     0013H
        AJMP    REV
************************************************************
                /*主程序*/
************************************************************
        ORG     0030H
MAIN：  MOV     IE，#__________          ；允许 INT1 申请中断
        CLR     IT1                     ；IT1=0 低电平触发方式
FOR：   MOV     P2，#0FFH                ；指令的作用__________
        MOV     R3，#08H                 ；指令的作用__________
        MOV     R0，#00H
FOR1：  MOV     A，R0
        MOV     DPTR，#TABLE
        MOVC    A，@A+DPTR               ；指令的作用__________
        MOV     P2，A
        CALL    DELAY                   ；延时
        DJNZ    R3，FOR2                 ；励磁信号没有结束，转移
        AJMP    FOR                     ；结束后，转移到开始程序
FOR2：  INC     R0                      ；指令的作用__________
        AJMP    FOR1
************************************************************
                /*INT1 中断子程序*/
************************************************************
REV：   MOV     P2，#0FFH
        MOV     R3，#08H
        MOV     R0，#09H                 ；指令的作用__________
```

```
REV1:    MOV     A，R0
         MOV     DPTR，#TABLE
         MOVC    A，@A+DPTR
         MOV     P2，A              ；指令的作用________
         CALL    DELAY
         DJNZ    R3，REV2
         AJMP    REV3
REV2:    INC     R0
         AJMP    REV1               ；指令的作用________
REV3:    MOV     P2，#0FFH
         MOV     R3，#08H
         MOV     R0，#00H
         RETI
***********************************************************
                 /*延时子程序*/
***********************************************************
DELAY:   MOV     R1，#40H           ；计算延时时间______
DELAY1:  MOV     R2，#48H
         DJNZ    R2，$
         DJNZ    R1，DELAY1
         RET
TABLE:   DB      0EH，06H，07H，03H，0BH，09H，0DH，0CH
                                    ；A→AB→B→BC→C→CD→D→DA→A(正转)
         DB      0EH，0CH，0DH，09H，0BH，03H，07H，06H
                                    ；A→AD→D→DC→C→CB→B→BA→A(反转)
         END
```

四、实训要求与思考题

(1) 分析并完成参考程序中的填空内容。

(2) 输入程序并汇编通过，纠错无误，屏蔽断点全速运行程序，实现要求的功能。

(3) 实训一中旋转 DJ—电位器，观察直流电机的转动(正反、快慢)情况。

(4) 修改实训二的延时子程序，增大延时时间或减小延时时间，调试程序，观察步进电机转速有什么不同？

(5) 分析步进电机控制原理图。

实训三　时钟/日历芯片 DS1302 秒表控制

一、实训目的

了解 DS1302 的工作特性。

熟悉 DS1302 的硬件电路、工作原理，以及 DS1302 的编程方法。

二、实训预习知识

DS1302 是一种高性能、低功耗、带 RAM 的实时时钟/日历芯片，它可以对年、月、日、星期、时、分、秒进行计时，且具有闰年补偿功能，工作电压为 2.5～5.5 V。DS1302 采用三线接口，与 CPU 进行同步通信，并可采用突发方式一次传送多个字节的时间数据或 RAM 数据。DS1302 内部有一个 31×8 的用于临时性存放数据的 RAM 存储器。

1. 引脚功能

DS1302 引脚功能如表 4.3 所示。

表 4.3　DS1302 引脚功能

管脚号	管脚名称	功　能
1	V_{CC2}	主电源
2、3	X1，X2	32.768 kHz 晶振接口
4	GND	接地
5	RST	复位兼片选端，读/写操作时必为高电平
6	I/O	串行数据输入/输出
7	SCLK	串行时钟输入端，是串行数据的同步信号
8	V_{CC1}	后备电源

2. 控制字格式

DS1302 控制字格式如表 4.4 所示。

表 4.4　DS1302 控制字格式

D7	D6	D5	D4	D3	D2	D1	D0
1	RAM/$\overline{CK}$	A4	A3	A2	A1	A0	RD/$\overline{WR}$

控制字的最高位 D7 必须是 1，如果它为 0，则不能把数据写入到 DS1302 中。如果 D6 为 0，则表示存取日历时钟数据；如果 D6 为 1，则表示存取 RAM 数据。D5～D1 指示操作单元的地址。最低位 D0 为 0，表示要进行写操作；D0 为 1，表示进行读操作。控制字节总是从最低位开始输出。

3. 复位和时钟控制

DS1302 通过把 RST 输入驱动置高电平来启动所有的数据传送。RST 输入有两种功能：首先，RST 接通控制逻辑，允许地址/命令序列送入移位寄存器；其次，RST 提供了终止单字节或多字节数据的传送手段。当 RST 为高电平时，所有数据传送被初始化，允许对 DS1302 进行操作。如果在传送过程中置 RST 为低电平，则会终止此数据传送，并且 I/O 引脚变为高阻状态。上电运行时，在 V_{CC}≥2.5 V 之前，RST 必须保持低电平。只有在 SCLK 为低电平时，才能将 RST 置为高电平。

4. 数据的输入与输出

DS1302 读时序图如图 4.8 所示，DS1302 写时序图如图 4.9 所示。DS1302 写入是在控制字输入后的下一个 SCLK 时钟的上升沿时，数据被写入 DS1302，数据输入从低位即 D0 开始。同样，在紧跟 8 位的控制字后的下一个 SCLK 脉冲的下降沿读出 DS1302 的数据，读出数据的顺序为低位 D0～D7。

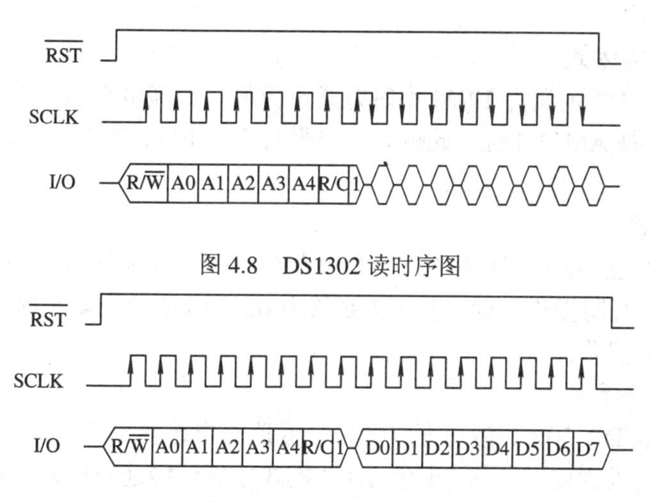

图 4.8　DS1302 读时序图

图 4.9　DS1302 写时序图

5. DS1302 寄存器

DS1302 有 7 个寄存器与日历、时钟相关，存放的数据位为 BCD 码形式，其日历、时间寄存器及其控制字如表 4.5 所示。

表 4.5　DS1302 寄存器及控制字

寄存器名	命令字格式		取值范围	位内容							
	写操作	读操作		D7	D6	D5	D4	D3	D2	D1	D0
秒寄存器	80H	81H	00～59	CH	10SEC			SEC			
分寄存器	82H	83H	00～59	0	10MIN			MIN			
小时寄存器	84H	85H	01～12 或 11～23	12/24	0	10/AP	HR	HR			
日期寄存器	86H	87H	01～31	0	0	10DATA		DATA			
月份寄存器	88H	89H	01～12	0	0	0	10M	MONTH			
星期寄存器	8AH	8BH	01～07	0	0	0	0	0	DAY		
年份寄存器	8CH	8DH	00～99	10YEAR				YEAR			
写保护寄存器	8EH	8FH	00H/80H	WP	0						
涓流充电寄存器	90H	91H	—	TCS				DS		RS	
时钟突发寄存器	BEH	BFH	—	—							
RAM 突发寄存器	FEH	FFH	—	—							
RAM 寄存器 0	C0H	C1H	00～FFH	RAM 数据							
⋮	⋮	⋮	00～FFH								
30	FCH	FDH	00～FFH								

1) 时钟/日历暂停

时钟/日历包含在 7 个写/读寄存器中。采有 BCD 码形式，秒寄存器的位 D7(CH)为时钟暂停位，当 D7 为 1 时，时钟振荡停止，DS1302 被置入低功率的备份方式；当 D7 为 0 时，时钟将启动。

2) AM-PM/12-24 方式

小时寄存器的位 D7 定义为 12/24 小时方式选择位，为高电平选择 12 小时方式。在 12 小时方式下，位 D5 是 AM/PM 位，此位为高电平时表示 PM。在 24 小时方式下，位 D5 是第二个 10 小时位(20～23 时)。

3) 写保护寄存器

写保护寄存器的位 D7 是写保护位。开始 7 位(位 0～6)置为 0，在读操作时总是读出 0。在对时钟或 RAM 进行写操作之前，位 D7 必须为 0。当 D7 为高电平时，写保护防止对任何其他寄存器进行写操作。

4) 慢速充电寄存器

这个寄存器控制 DS1302 的慢速充电特征。慢速充电选择位(TCS)控制慢速充电器的选择。为了防止偶然的因素使之工作，只有 1010 模式才能使慢速充电器工作，所有其他模式将禁止慢速充电器。当 DS1302 上电时，慢速充电器被禁止。二极管选择位(DS)选择是一个或两个二极管连接在 V_{CC1} 与 V_{CC2} 之间。如果 DS 为 01，则选择一个二极管；如果 DS 为 10，则选择两个二极管。如果 DS 为 00 或 11，则充电器被禁止，与 TCS 无关。RS 选择连接在 V_{CC1} 与 V_{CC2} 之间的电阻，当 RS 为 00 时，无电阻；当 RS 为 01 时，选择 2 kΩ 电阻；当 RS 为 10 时，选择 4 kΩ 电阻；当 RS 为 11 时，选择 8 kΩ 电阻。

5) 时钟/日历多字节方式

时钟/日历命令字节可规定多字节方式，在此方式下，最先 8 个时钟/日历寄存器可以从地址 0 的第 0 位开始连续地读/写。当指定写时钟/日历为多字节方式时，如果写保护位被设置为高电平，则没有数据会传送到 8 个时钟/日历寄存器的任一个。在多字节方式下，慢速充电器是不可访问的。

DS1302 还有充电寄存器、时钟突发寄存器及与 RAM 相关的寄存器等。时钟突发寄存器可一次性顺序读/写除充电寄存器外的所有寄存器内容。DS1302 与 RAM 相关的寄存器分为两类：一类是单个 RAM 单元，共 31 个，每个单元组态为一个 8 位的字节，其命令控制字为 C0H～FDH，其中奇数为读操作，偶数为写操作；另一类为突发方式下的控制寄存器，此方式下可一次性读/写所有的 RAM 的 31 个字节，命令控制字为 FEH(写)、FFH(读)。

三、实训设备与器件

实训设备：QTH-2008XS 单片机实验仪，QTH-2008XS 开发软件，PC 机。

实训器件：时钟/日历芯片 DS1302，LED 数码管显示器，74LS164 移位寄存器。

四、实训内容

先写 00 到秒寄存器，再读 DS1302 秒寄存器内容，通过 74LS164 移位寄存器进行串/并转换后送 LED 显示，实现秒定时并显示。

五、实训连线

DS1302 连线孔：RST 接 P1.4，I/O 接 P1.3，SCLK 接 P1.2。

串/并转换连线孔：DIN 接 P3.0，CLK 接 P3.1。DS1302 时钟芯片连线图如图 4.10 所示。串/并转换连线图如第三章图 3.25 所示。

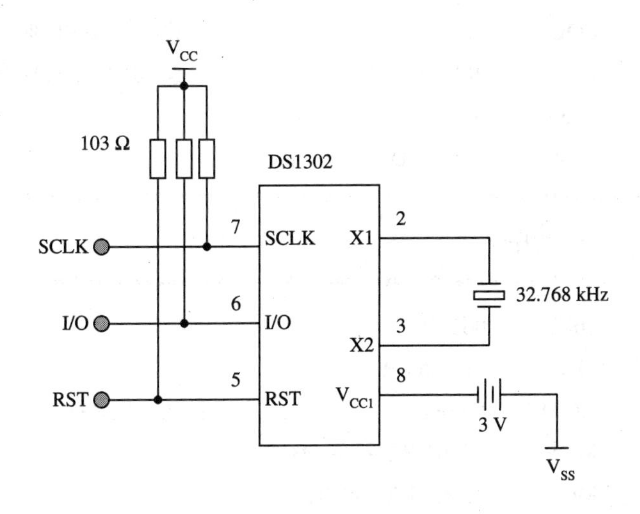

图 4.10　DS1302 连线图

六、实训程序流程图

时钟芯片 DS1302 秒表控制程序流程图如图 4.11 所示。

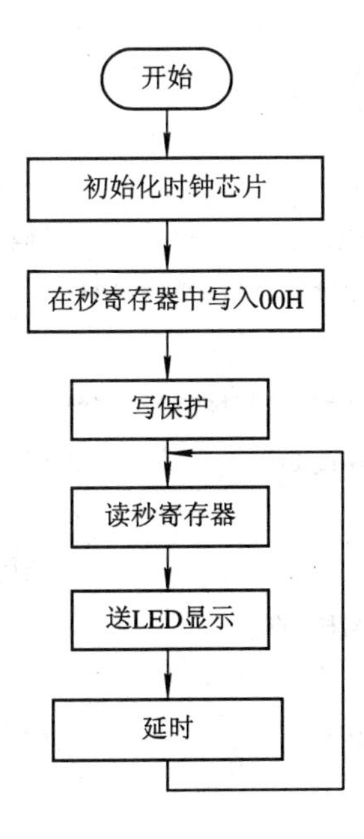

图 4.11　时钟芯片 DS1302 秒表控制程序流程图

七、实训参考程序

```
TIME_RST    BIT     P1.4
TIME_IO     BIT     P1.3
TIME_SCLK   BIT     P1.2
TIME_REG    EQU     2EH                 ；读/写 DS1302 时存放地址
TIME_DT     EQU     2FH                 ；读/写 DS1302 时存放地址
            ORG     0000H
            AJMP    SECOND
************************************************************
            /*主程序*/
************************************************************
            ORG     0030H
SECOND：    MOV     SP，#60H
            ACALL   DSINIT              ；初始化时钟芯片
            MOV     TIME_REG，#80H
            MOV     TIME_DT，#00H
            CALL    W_WORD              ；送 00 到秒寄存器
            ACALL   DSWRPRT             ；写保护
SECOND1：   MOV     TIME_REG，#81H      ；读秒寄存器
            CALL    R_WORD
            CALL    DISP                ；读到的内容送 LED 显示
            CALL    DELAY
            CALL    DELAY
            CALL    DELAY
            AJMP    SECOND1             ；继续读秒寄存器
************************************************************
            /*拆字子程序*/
************************************************************
DISP：      MOV     A，TIME_DT          ；取秒的数据
            ANL     A，#________        ；取秒的低位
            ACALL   SEND                ；调用显示子程序
            MOV     A，TIME_DT
            SWAP    A
            ANL     A，#0FH             ；指令的作用______________
            ACALL   SEND                ；调用显示子程序
            RET
```

```
****************************************************************
          /*显示子程序*/
****************************************************************
SEND:     MOV     DPTR，#SGTB1        ；指令的作用______________
          MOVC    A，@A+DPTR          ；指令的作用______________
          MOV     SBUF，A             ；指令的作用______________
          JNB     TI，$
          CLR     TI
          RET
****************************************************************
          /*万年历初始化程序*/
****************************************************************
DSINIT:   CLR     TIME_SCLK
          NOP
          CLR     TIME_RST
          MOV     TIME_REG，#8EH      ；写保护寄存器(地址)
          MOV     TIME_DT，#00H       ；打开写保护(指令)
          ACALL   W_WORD              ；写地址、写指令
          MOV     TIME_REG，#90H      ；涓流充电寄存器
          MOV     TIME_DT，#0A0H      ；R=1 kΩ，2个稳压管
          ACALL   W_WORD
          RET
****************************************************************
          /*DS1302 单字节命令(数据)写*/
****************************************************************
W_WORD:   PUSH    PSW
          CLR     PSW.3
          CLR     PSW.4
          CLR     TIME_SCLK           ；指令功能________________
          NOP
          SETB    TIME_RST            ；指令功能________________
          MOV     A，TIME_REG
          ACALL   W_BYTE
          MOV     A，TIME_DT
          ACALL   W_BYTE
          CLR     TIME_RST
          NOP
          CLR     TIME_SCLK
          POP     PSW
```

```
                RET
**********************************************************
                /*DS1302 单字节命令(数据)读*/
**********************************************************
R_WORD:         CLR     TIME_SCLK
                NOP
                SETB    TIME_RST
                MOV     A，TIME_REG
                ACALL   W_BYTE
                ACALL   R_BYTE
                MOV     TIME_DT，A
                CLR     TIME_RST
                NOP
                CLR     TIME_SCLK
                RET
**********************************************************
                /*DS1302 字节写时序*/
**********************************************************
W_BYTE:         MOV     R6，#08H
                CLR     C
W_BYTE1:        CLR     TIME_SCLK
                RRC     A
                MOV     TIME_IO，C              ；功能________
                NOP
                SETB    TIME_SCLK
                DJNZ    R6，W_BYTE1
                RET
**********************************************************
                /*DS1302 字节读时序*/
**********************************************************
R_BYTE:         MOV     R6，#08H
                CLR     C
R_BYTE1:        CLR     TIME_SCLK
                MOV     C，TIME_IO              ；功能__________
                RRC     A
                SETB    TIME_SCLK
                DJNZ    R6，R_BYTE1
```

```
            RET
************************************************************
            /*万年历写保护子程序*/
************************************************************
DSWRPRT:    MOV     TIME_REG，#10001110B
            MOV     TIME_DT，#10000000B
            CALL    W_WORD
            RET
************************************************************
            /*延时子程序*/
************************************************************
DELAY:      MOV     R4，#250                ；延时
DELAY1:     MOV     R5，#200
            DJNZ    R5，$
            DJNZ    R4，DELAY1
            RET
************************************************************
            /*字符编码*/
************************************************************
SGTB1:      DB      03H                     ；0
            DB      9FH                     ；1
            DB      25H                     ；2
            DB      0DH                     ；3
            DB      99H                     ；4
            DB      49H                     ；5
            DB      41H                     ；6
            DB      1FH                     ；7
            DB      01H                     ；8
            DB      09H                     ；9
            END
```

八、实训要求与思考题

(1) 分析并完成参考程序中的填空内容。

(2) 输入程序并汇编通过，纠错无误，屏蔽断点全速运行程序，实现要求的功能。

(3) 时钟/日历芯片 DS1302 数据如何输入和输出？

(4) 改变控制编程实现时、分、秒显示。

(5) 分析时钟/日历芯片 DS1302 如何发出读/写命令？

实训四　7289 键盘显示系统

一、实训目的

掌握单片机系统扩展键盘显示接口的方法，7289 的工作原理及编程方法。

二、实训预习知识

HD7289 是一片具有串行接口的，可同时驱动 8 位共阴式数码管的智能显示驱动芯片。它可连接多达 64 键的键盘矩阵，单片即可完成 LED 显示和键盘接口的全部功能。

1. 引脚功能

HD7289 的引脚功能如表 4.6 所示。

表 4.6　HD7289 的引脚功能

引脚	名　称	说　明
1、2	V_{DD}	正电源
3、5	NC	悬空
4	V_{SS}	接地
6	$\overline{CS}$	片选输入端，此引脚为低电平时，可向芯片发送指令及读取键盘数据
7	CLK	同步时钟输入端，向芯片发送数据及读取键盘数据时，此引脚电平上升沿表示数据有效
8	DATA	串行数据输入/输出端，当芯片接收指令时，此引脚为输入端，当读取键盘数据时，此引脚在读指令最后一个时钟的下降沿变为输出端
9	$\overline{KEY}$	按键有效输出端，平时为高电平，当检测到有效按键时，此引脚变为低电平
10～16	SG～SA	段 G～段 A 驱动输出
17	DP	小数点驱动输出
18～25	DIG0～DIG7	数字 0～7 驱动输出
26	OSC2	振荡器输出端
27	OSC1	振荡器输入端
28	$\overline{RESET}$	复位端

2. 控制指令

HD7289 的控制指令分为两大类，即纯指令和带有数据的指令。

1) 纯指令

(1) 复位清除指令 A4H：将所有显示和所有设置的属性清除。

(2) 测试指令 BFH：将 LED 的所有段点亮，并处于闪烁状态。

(3) 左移指令 A1H：使所有的显示自右向左移一位，各位所设置的属性不变。

(4) 右移指令 A0H：使所有的显示自左向右移一位，各位所设置的属性不变。

(5) 循环左移指令 A3H：与左移指令不同的是原最高位移到最低位。

(6) 循环右移指令 A2H：与右移指令不同的是原最低位移到最高位。

2) 带有数据的指令

(1) 下载数据且按方式 0 译码。

D7	D6	D5	D4	D3	D2	D1	D0	D7	D6	D5	D4	D3	D2	D1	D0
1	0	0	0	0	A2	A1	A0	DP	X	X	X	D3	D2	D1	D0

A2～A0 是位地址：000—位 0，001—位 1，010—位 2，011—位 3，100—位 4，101—位 5，110—位 6，111—位 7。

D3～D0 为数据，按以下规则译码：00H～09H—0～9，0AH—－，0BH—E，0CH—H，0DH—L，0EH—P，0FH—空(无显示)。

小数点的显示由 DP 位控制，DP 为 1 显示，DP 为 0 不显示。

(2) 下载数据且按方式 1 译码。

D7	D6	D5	D4	D3	D2	D1	D0	D7	D6	D5	D4	D3	D2	D1	D0
1	1	0	0	1	A2	A1	A0	DP	X	X	X	D3	D2	D1	D0

与上一条指令基本相同，所不同的是译码方式，该指令的译码方式为 00H～0FH—0～F。

(3) 下载数据但不译码。

D7	D6	D5	D4	D3	D2	D1	D0	D7	D6	D5	D4	D3	D2	D1	D0
1	0	0	1	0	A2	A1	A0	DP	A	B	C	D	E	F	G

其中，A2～A0 为地址码，DP～G 分别对应 LED 各段，相应的段为 1 时被点亮。

(4) 闪烁控制 88H。

D7	D6	D5	D4	D3	D2	D1	D0	D7	D6	D5	D4	D3	D2	D1	D0
1	0	0	0	1	0	0	0	D7	D6	D5	D4	D3	D2	D1	D0

此命令控制各个数码管的闪烁属性，D7～D0 分别对应数码管的 0～7，0 为闪烁，1 为不闪烁。

(5) 消隐控制 98H。

D7	D6	D5	D4	D3	D2	D1	D0	D7	D6	D5	D4	D3	D2	D1	D0
1	0	0	1	1	0	0	0	D7	D6	D5	D4	D3	D2	D1	D0

此命令控制各个数码管的消隐属性，D7～D0 分别对应数码管的 0～7，0 为消隐，1 为显示。

(6) 段点亮指令 E0H。

D7	D6	D5	D4	D3	D2	D1	D0	D7	D6	D5	D4	D3	D2	D1	D0
1	1	1	0	0	0	0	0	X	X	D5	D4	D3	D2	D1	D0

点亮数码管中某一指定段，D5～D0 为段地址，范围为 00H～3FH，具体分配如下：

第 0 个数码管的 G—00H，F—01H；……A—06H，小数点 DP—07H；第 1 个数码管的 G—08H；F—09H；……；依次类推直至第 7 个数码管的小数点 DP 的地址为 3FH。

(7) 段关闭指令 C0H。

D7	D6	D5	D4	D3	D2	D1	D0	D7	D6	D5	D4	D3	D2	D1	D0
1	1	0	0	0	0	0	0	X	X	D5	D4	D3	D2	D1	D0

关闭数码管中的某一段，指令结构与“段点亮指令”相同。

(8) 读键盘数据指令。

D7	D6	D5	D4	D3	D2	D1	D0	D7	D6	D5	D4	D3	D2	D1	D0
0	0	0	1	0	1	0	1	D7	D6	D5	D4	D3	D2	D1	D0

该指令从 HD7289 读出当前的按键代码。与其他指令不同，此命令的前一个字节 00010101B 为微控制器传送到 HD7289 的指令，而后一个字节 D0～D7 则为 HD7289 返回的按键代码，范围为 0～3FH(无键按下时为 0xFF)，各键盘代码定义如图 4.12 所示。

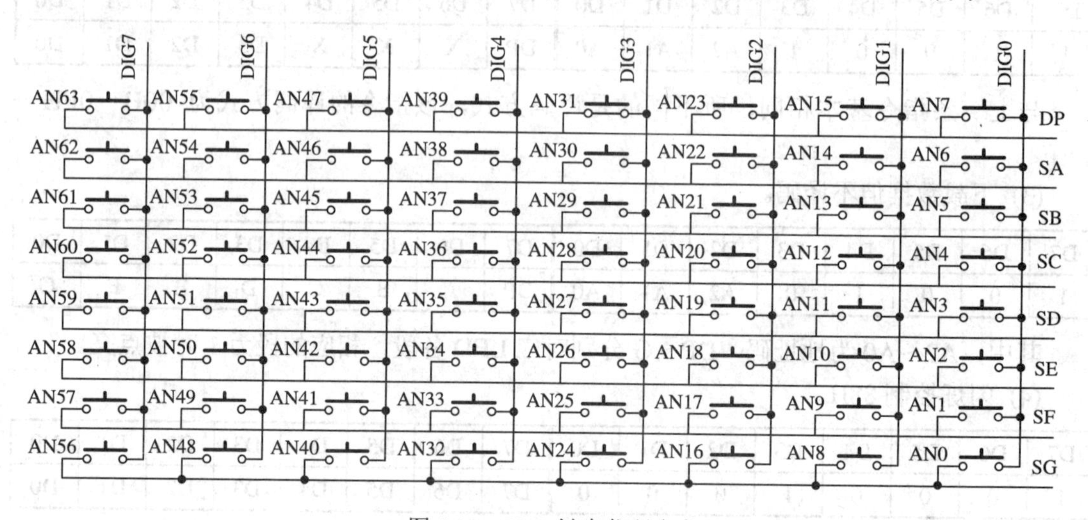

图 4.12　7289 键盘代码定义

三、实训设备与器件

实训设备：QTH-2008XS 单片机实验仪，QTH-2008XS 开发软件，PC 机。

实训器件：时钟/日历芯片 DS1302，LED 数码管显示器，键盘显示芯片 7289。

四、实训内容

连续运行程序，数码管最高位闪烁显示 P 等待键盘输入，然后从键盘输入数据，如果数据符合，则时钟芯片 DS1302 从该数据开始计时，并在 LED 上显示时间值。

功能键设定：18—消隐指令演示；19—左右移位指令演示；1A—测试指令演示；1B—段寻址指令演示；1C—综合演示。

五、实训连线

$\overline{CS}$ 连 P2.0，DATA 连 P2.2，CLK 连 P2.1，KEY 连 P2.3，如图 4.13 所示。

时钟芯片 DS1302 实验区时钟实验孔：RST 连 P1.4，IO 连 P1.3，SCLK 连 P1.2。

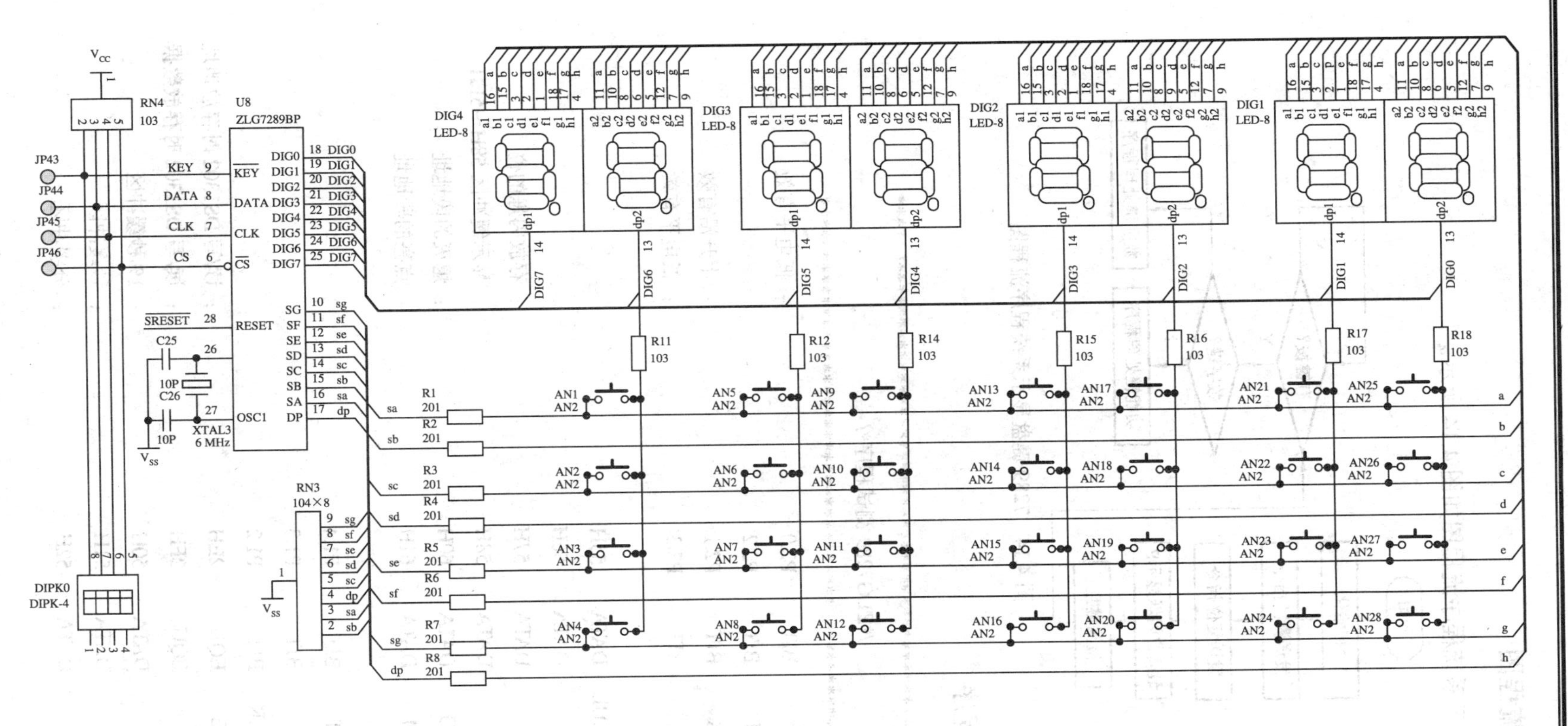

图 4.13 7289 键盘显示系统连接图

六、实训程序流程图

7289 键盘显示系统程序流程图如图 4.14 所示。

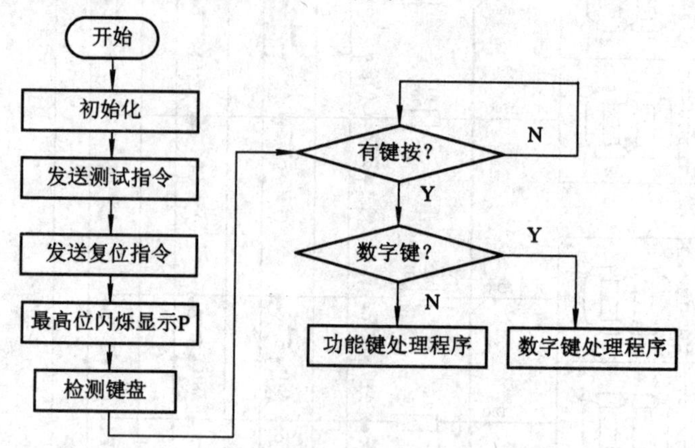

图 4.14　7289 键盘显示系统程序流程图

七、实训参考程序

```
****************************************************
                /*ZLG7289 测试程序*/
****************************************************
KEY_CS       BIT     P2.0          ；低电平有效
KEY_DAT      BIT     P2.2
KEY_CLK      BIT     P2.1          ；上升沿有效
KEY          BIT     P2.3          ；低电平有效

KEY_VALUE    DATA    55H
PT           DATA    56H
BLINK        DATA    57H           ；存放闪烁的位
DSBUF        DATA    58H           ；显示缓冲区 58H～5FH
LAST_SEG     DATA    60H           ；熄灭的段地址
SEG_NUM      DATA    61H           ；点亮的段地址

TIME_RST     BIT     P1.4
TIME_IO      BIT     P1.3
TIME_SCLK    BIT     P1.2
TIME_REG     EQU     2EH           ；读/写 DS1302 时存放地址
TIME_DT      EQU     2FH           ；读/写 DS1302 时存放数据
BUFF         DATA    50H           ；1%秒缓冲区
SSBUF        DATA    51H           ；秒缓冲区
MBUF         DATA    52H           ；分缓冲区
```

```
HBUF        DATA    53H                     ；时缓冲区
            ORG     0000H
RESET：     AJMP    START
*******************************************************
                /*主程序*/
*******************************************************
            ORG     0030H
START：     MOV     SP，#07H
            MOV     P1，#11111111B
            MOV     P2，#11111111B
            MOV     P3，#11111111B
PRPT：      MOV     A，#10100100B           ；发送复位指令 0A4H(纯指令)
            CALL    KEY_SEND
            SETB    KEY_CS
            MOV     DSBUF+0，#1EH           ；第 1 位显示 'P'
            MOV     DSBUF+1，#1FH           ；第 2 位显示 ' '
            MOV     DSBUF+2，#1FH           ；第 3 位显示 ' '
            MOV     DSBUF+3，#1FH           ；第 4 位显示 ' '
            MOV     DSBUF+4，#1FH           ；第 5 位显示 ' '
            MOV     DSBUF+5，#1FH           ；第 6 位显示 ' '
            MOV     DSBUF+6，#1FH           ；第 7 位显示 ' '
            MOV     DSBUF+7，#1FH           ；第 8 位显示 ' '
            MOV     BLINK，#01111111B       ；第 1 位闪烁
            MOV     PT，#DSBUF              ；显示缓冲区指针
PRPT1：     CALL    DSUP
            JB      KEY，$                  ；功能_______
PRPT2：     CALL    KBS                     ；读键
            JC      PRPT3                   ；功能_______
            AJMP    MCMD                    ；功能键处理
PRPT3：     CALL    CHAG                    ；数据键处理
            DB      11111111B               ；第 8 位显示 DSBUF+7
            DB      01111111B               ；第 1 位显示 DSBUF
            SJMP    PRPT1
*******************************************************
            数据键处理子程序
*******************************************************
CHAG：      POP     DPH
            POP     DPL
            MOV     A，BLINK
            SETB    C
```

```
            RRC     A
            MOV     BLINK，A
            MOV     R0，PT
            MOV     @R0，KEY_VALUE
            INC     PT
            CLR     A
            MOVC    A，@A+DPTR
            CJNE    A，BLINK，CHAG2     ；功能____
            INC     DPTR
            CLR     A
            MOVC    A，@A+DPTR
            MOV     BLINK，A           ；是最后一位，BLINK 赋初值
            MOV     PT，#DSBUF
CHAG1：     JNB     KEY，$              ；按键是否释放
            INC     DPTR
            PUSH    DPL
            PUSH    DPH
            RET
CHAG2：     INC     DPTR
            SJMP    CHAG1
*******************************************************
        /*功能键处理子程序*/
*******************************************************
MCMD：      SUBB    A，#11H
            RL      A
            MOV     DPTR，#JPTB1
            JMP     @A+DPTR
JPTB1：     AJMP    PRPT                ；11
            AJMP    PRPT                ；12
            AJMP    PRPT                ；13
            AJMP    PRPT                ；14
            AJMP    PRPT                ；15
            AJMP    PRPT                ；16
            AJMP    PRPT                ；17
            AJMP    HIDE                ；18
            AJMP    CYCLED              ；19
            AJMP    TEST                ；1A
            AJMP    SEG_DEMO            ；1B
            AJMP    DSTIME              ；1C
```

```
*****************************************************
            /*测试指令演示*/
*****************************************************
TEST：      MOV     A，#10111111B          ；发送测试指令 BFH
            CALL    KEY_SEND
            SETB    KEY_CS
            CALL    DELAY_3S               ；延时
            JMP     PRPT
*****************************************************
        /*段寻址指令测试*/
点亮的显示段在 8 只数码管间做往复 8 字运动
*****************************************************
SEG_DEMO：  MOV     R3，#02
            MOV     A，#10100100B          ；发送复位指令 0A4H(纯指令)
            CALL    KEY_SEND
            SETB    KEY_CS
            MOV     LAST_SEG，#0FFH
SEG_DEMO1： MOV     R4，#28                ；循环一次共用 28 个显示段
SEG_LOOP：  MOV     A，R4
            MOV     DPTR，#SEGTB-1         ；查表得显示段地址
            MOVC    A，@A+DPTR
            MOV     SEG_NUM，A
            MOV     A，#11100000B          ；发段点亮指令点亮当前段
            CALL    KEY_SEND
            MOV     A，SEG_NUM             ；发段地址
            CALL    KEY_SEND
            SETB    KEY_CS
            CALL    DELAY_50MS
            CALL    DELAY_50MS
            MOV     A，#11000000B          ；发段熄灭指令关闭上一显示段
            CALL    KEY_SEND
            MOV     A，LAST_SEG            ；上一显示段的段地址
            CALL    KEY_SEND
            SETB    KEY_CS
            CALL    DELAY_50MS
            MOV     LAST_SEG，SEG_NUM      ；保存当前段地址
            DJNZ    R4，SEG_LOOP           ；显示下一显示段
            DJNZ    R3，SEG_DEMO1          ；功能______
            AJMP    PRPT
```

```
*************************************************************
            /*循环左/右移测试*/
显示缓冲区内容向右运动 3 次，再向左运动 3 次
*************************************************************
CYCLED:     MOV     R4，#23                 ；循环右移 24 次
CR_R:       MOV     A，#10100010B           ；循环右移指令
            CALL    KEY_SEND
            SETB    KEY_CS
            CALL    DELAY_50MS
            CALL    DELAY_50MS
            CALL    DELAY_50MS
            DJNZ    R4，CR_R
            CALL    DELAY_50MS
            CALL    DELAY_50MS
            CALL    DELAY_50MS
            MOV     R4，#23                 ；功能________
CR_L:       MOV     A，#10100011B           ；功能________
            CALL    KEY_SEND
            SETB    KEY_CS
            CALL    DELAY_50MS
            CALL    DELAY_50MS
            CALL    DELAY_50MS
            DJNZ    R4，CR_L
            CALL    DELAY_50MS
            CALL    DELAY_50MS
            CALL    DELAY_50MS
            AJMP    PRPT
*************************************************************
            /*消隐指令测试*/
            1 为显示，0 为消隐
*************************************************************
HIDE:       MOV     DSBUF+0，#00H           ；第 1 位显示 '0'
            MOV     DSBUF+1，#01H           ；第 2 位显示 '1'
            MOV     DSBUF+2，#02H           ；第 3 位显示 '2'
            MOV     DSBUF+3，#03H           ；第 4 位显示 '3'
            MOV     DSBUF+4，#04H           ；第 5 位显示 '4'
            MOV     DSBUF+5，#05H           ；第 6 位显示 '5'
            MOV     DSBUF+6，#06H           ；第 7 位显示 '6'
            MOV     DSBUF+7，#07H           ；第 8 位显示 '7'
            MOV     BLINK，#01111111B       ；第 1 位闪烁
```

```
            MOV     PT，#DSBUF          ；显示缓冲区指针
            CALL    DSUP
            MOV     A，#88H
            CALL    KEY_SEND
            MOV     A，#0FFH
            CALL    KEY_SEND
            SETB    KEY_CS
            CALL    DELAY_1S
HIDE1:      MOV     A，#10011000B       ；消隐控制指令 98H
            CALL    KEY_SEND
            MOV     A，#11110111B       ；将第 4 位设为消隐
            CALL    KEY_SEND
            SETB    KEY_CS
            CALL    DELAY_1S
            MOV     A，#10011000B       ；消隐控制指令
            CALL    KEY_SEND
            MOV     A，#11100111B       ；增加第 5 位为消隐
            CALL    KEY_SEND
            SETB    KEY_CS
            CALL    DELAY_1S
            MOV     A，#10011000B       ；消隐控制指令
            CALL    KEY_SEND
            MOV     A，#11100011B       ；增加第 3 位为消隐
            CALL    KEY_SEND
            SETB    KEY_CS
            CALL    DELAY_1S
            MOV     A，#10011000B       ；消隐控制指令
            CALL    KEY_SEND
            MOV     A，#11000011B       ；增加第 6 位为消隐
            CALL    KEY_SEND
            SETB    KEY_CS
            CALL    DELAY_1S
            MOV     A，#10011000B       ；消隐控制指令
            CALL    KEY_SEND
            MOV     A，#11000001B       ；增加第 2 位为消隐
            CALL    KEY_SEND
            SETB    KEY_CS
            CALL    DELAY_1S
            MOV     A，#10011000B       ；消隐控制指令 98H
            CALL    KEY_SEND
```

```
            MOV     A，#10000001B      ；增加第 7 位为消隐
            CALL    KEY_SEND
            SETB    KEY_CS
            CALL    DELAY_1S
            MOV     A，#10011000B      ；消隐控制指令 98H
            CALL    KEY_SEND
            MOV     A，#10000000B      ；增加第 1 位为消隐
            CALL    KEY_SEND
            SETB    KEY_CS
            CALL    DELAY_1S
            MOV     A，#10011000B      ；消隐控制指令
            CALL    KEY_SEND
            MOV     A，#10000001B      ；将第 1 位恢复显示
            CALL    KEY_SEND
            SETB    KEY_CS
            CALL    DELAY_1S
            MOV     A，#10011000B      ；消隐控制指令
            CALL    KEY_SEND
            MOV     A，#10011001B      ；将中间 2 位恢复显示
            CALL    KEY_SEND
            SETB    KEY_CS
            CALL    DELAY_1S
            MOV     A，#10011000B      ；消隐控制指令
            CALL    KEY_SEND
            MOV     A，#10111101B      ；将中间 4 位恢复显示
            CALL    KEY_SEND
            SETB    KEY_CS
            CALL    DELAY_1S
            MOV     A，#10011000B      ；消隐控制指令
            CALL    KEY_SEND
            MOV     A，#11111111B      ；全部恢复显示
            CALL    KEY_SEND
            SETB    KEY_CS
            CALL    DELAY_1S
            AJMP    PRPT
********************************************************
            /*7289 数据发送子程序*/
********************************************************
KEY_SEND:   PUSH    00H
            CLR     KEY_CS
```

```
                MOV     R0，#08H
                CALL    DELAY
KEY_SEND1：     RLC     A
                MOV     KEY_DAT，C
                SETB    KEY_CLK
                CALL    DELAY
                CLR     KEY_CLK
                CALL    DELAY
                DJNZ    R0，KEY_SEND1
                POP     00H
                RET
**********************************************************
                /*显示子程序*/
**********************************************************
DSUP：          CLR     KEY_CS
                MOV     R0，#10000111B              ；最高位放数
                MOV     R1，#DSBUF
                MOV     R7，#08H                    ；8个数码管
DSUP1：         CJNE    @R1，#10H，DSUP2            ；判断显示缓冲区的内容是否大于10H
DSUP2：         JNC     DSUP3
                MOV     A，R0                       ；小于10H是0～F中的数字+
                ORL     A，#01001000B               ；下载数据且按方式1译码
                CALL    KEY_SEND
                MOV     A，@R1
                CALL    KEY_SEND
                INC     R1
                DEC     R0
                SETB    KEY_CS
                CALL    DELAY_50MS
                DJNZ    R7，DSUP1
                SJMP    DSUP4
DSUP3：         MOV     A，R0                       ；大于10H表示是特殊字符
                ANL     A，#10000111B               ；下载数据且按方式0译码
                CALL    KEY_SEND
                MOV     A，@R1
                CALL    KEY_SEND
                INC     R1
                DEC     R0
                SETB    KEY_CS
                CALL    DELAY_50MS
```

```
        DJNZ    R7，DSUP1
DSUP4:  MOV     A，#10001000B       ；闪烁控制指令 88H(指令)
        CALL    KEY_SEND
        MOV     A，BLINK
        CALL    KEY_SEND
        SETB    KEY_CS
        RET
**************************************************
        /*读键值子程序*/
**************************************************
KBS:    MOV     A，#00010101B       ；发送读键盘数据指令码
        CALL    KEY_SEND
        MOV     R2，#08H            ；8 位数据
KBS1:   SETB    KEY_CLK
        CALL    DELAY
        MOV     C，KEY_DAT
        RLC     A
        CLR     KEY_CLK
        CALL    DELAY
        DJNZ    R2，KBS1            ；未满 8 位继续接收
        SETB    KEY_CS
        MOV     R2，A               ；接收到的数据存于 R2 中
        MOV     R3，#1CH            ；从键值表最底端开始比较
        MOV     DPTR，#KTB
KBS2:   MOV     A，R3
        MOVC    A，@A+DPTR
        CJNE    A，02H，KBS5
KBS3:   MOV     A，R3
        MOV     KEY_VALUE，A
        CJNE    A，#10H，KBS4
        SETB    C                   ；判断功能键数字键的标志
KBS4:   RET
KBS5:   DJNZ    R3，KBS2
        SJMP    KBS3
**************************************************
      /*万年历时、分、秒处理程序*/
**************************************************
DSTIME: MOV     R0，#DSBUF+7        ；检查数据的合法性
        CALL    PTDEA
        CJNE    A，#24H，CHTIME
```

```
CHTIME:     JC      CHTIME00            ；不合法重新扫描
            AJMP    RESET               ；合法保存数据
CHTIME00:   MOV     HBUF，A
            DEC     R0
            CALL    PTDEA
            CJNE    A，#60H，CHTIME1     ；功能________
CHTIME1:    JC      CHTIME10
            AJMP    RESET
CHTIME10:   MOV     MBUF，A
            DEC     R0
            CALL    PTDEA
            CJNE    A，#60H，CHTIME2
CHTIME2:    JC      CHTIME20
            AJMP    RESET
CHTIME20:   MOV     SSBUF，A
DSTIME0:    ACALL   DSINIT              ；初始化万年历
            MOV     TIME_REG，#80H       ；写秒寄存器
            MOV     TIME_DT，SSBUF
            CALL    W_WORD
            MOV     TIME_REG，#82H       ；写分寄存器
            MOV     TIME_DT，MBUF
            CALL    W_WORD
            MOV     TIME_REG，#84H       ；写小时寄存器
            MOV     TIME_DT，HBUF
            CALL    W_WORD
            ACALL   DSWRPRT             ；写保护
DSTIME1:    MOV     TIME_REG，#81H       ；读秒寄存器
            CALL    R_WORD
            MOV     SSBUF，A
            MOV     TIME_REG，#83H       ；读分寄存器
            CALL    R_WORD
            MOV     MBUF，A
            MOV     TIME_REG，#85H       ；读小时寄存器
            CALL    R_WORD
            MOV     HBUF，A
            CALL    PUT_TIME
            CALL    DSUP
            MOV     A，#88H
            CALL    KEY_SEND
            MOV     A，#0FFH
```

```
            CALL    KEY_SEND
            SETB    KEY_CS
            CALL    DELAY_500MS
            JNB     KEY，L
            AJMP    DSTIME1
L:          AJMP    PRPT2
*****************************************************
      /*万年历初始化程序*/
*****************************************************
DSINIT:     CLR     TIME_SCLK
            NOP
            CLR     TIME_RST
            MOV     TIME_REG，#8EH      ；写保护寄存器(地址)
            MOV     TIME_DT，#00H       ；打开写保护(指令)
            ACALL   W_WORD              ；写地址、写指令
            MOV     TIME_REG，#90H      ；消流充电寄存器
            MOV     TIME_DT，#0A0H      ；R=0，0 个稳压管
            ACALL   W_WORD
            RET
PTDEA:      MOV     A，@R0
            SWAP    A
            ANL     A，#0F0H
            MOV     R1，A
            DEC     R0
            MOV     A，@R0
            ANL     A，#0FH
            ORL     A，R1
            RET
*****************************************************
      /*DS1302 单字节命令(数据)写*/
*****************************************************
W_WORD:     PUSH    PSW
            CLR     PSW.3
            CLR     PSW.4
            CLR     TIME_SCLK
            NOP
            SETB    TIME_RST
            MOV     A，TIME_REG
            ACALL   W_BYTE
            MOV     A，TIME_DT
```

```
            ACALL   W_BYTE
            CLR     TIME_RST
            NOP
            CLR     TIME_SCLK
            POP     PSW
            RET
*****************************************************
        /*DS1302 单字节命令(数据)读*/
*****************************************************
R_WORD：    PUSH    PSW
            CLR     PSW.3
            CLR     PSW.4
            CLR     TIME_SCLK
            NOP
            SETB    TIME_RST
            MOV     A，TIME_REG
            ACALL   W_BYTE
            ACALL   R_BYTE
            MOV     TIME_DT，A
            CLR     TIME_RST
            NOP
            CLR     TIME_SCLK
            POP     PSW
            RET
*****************************************************
        /*DS1302 字节写时序*/
*****************************************************
W_BYTE：    MOV     R6，#08H
            CLR     C
W_BYTE1：   CLR     TIME_SCLK
            RRC     A
            MOV     TIME_IO，C
            NOP
            SETB    TIME_SCLK
            DJNZ    R6，W_BYTE1
            RET
*****************************************************
        /*DS1302 字节读时序*/
*****************************************************
```

```
R_BYTE:     MOV     R6，#08H
            CLR     C
R_BYTE1:    CLR     TIME_SCLK
            MOV     C，TIME_IO
            RRC     A
            SETB    TIME_SCLK
            DJNZ    R6，R_BYTE1
            RET
****************************************************
        /*万年历写保护程序*/
****************************************************
DSWRPRT:    MOV     TIME_REG，#10001110B
            MOV     TIME_DT，#10000000B
            CALL    W_WORD
            RET
****************************************************
        /*读取时分秒缓冲区内容子程序*/
****************************************************
PUT_TIME:   MOV     R1，#SSBUF          ；SSBUF 缓冲区内容送显示缓冲区
            CALL    GET_TIME
            MOV     DSBUF+7，R0
            MOV     DSUF+6，R1
            MOV     DSBUF+5，#1AH       ；功能________
            MOV     R1，#MBUF           ；MBUF 缓冲区内容送显示缓冲区
            CALL    GET_TIME
            MOV     DSBUF+4，R0
            MOV     DSBUF+3，R1
            MOV     DSBUF+2，#1AH       ；显示‘-’
            MOV     R1，#HBUF           ；HBUF 缓冲区内容送显示缓冲区
            CALL    GET_TIME
            MOV     DSBUF+1，R0
            MOV     DSBUF，R1
            RET
GET_TIME:   MOV     A，@R1
            ANL     A，#0FH
            MOV     R0，A
            MOV     A，@R1
            SWAP    A
            ANL     A，#0FH
```

```
        MOV     R1, A
        RET
**************************************************************
        /*键值表*/
**************************************************************
KTB:    DB      30H             ; 0
        DB      32H             ; 1
        DB      2AH             ; 2
        DB      22H             ; 3
        DB      34H             ; 4
        DB      2CH             ; 5
        DB      24H             ; 6
        DB      36H             ; 7
        DB      2EH             ; 8
        DB      26H             ; 9
        DB      1EH             ; A
        DB      1CH             ; B
        DB      1AH             ; C
        DB      18H             ; D
        DB      20H             ; E
        DB      28H             ; F
        DB      0FFH            ; 10
        DB      16H             ; 11
        DB      14H             ; 12
        DB      12H             ; 13
        DB      10H             ; 14
        DB      0EH             ; 15
        DB      0CH             ; 16
        DB      0AH             ; 17
        DB      08H             ; 18
        DB      06H             ; 19
        DB      04H             ; 1A
        DB      02H             ; 1B
        DB      00H             ; 1C
**************************************************************
        /*循环显示段地址表*/
**************************************************************
SEGTB:  DB      3BH, 33H, 2BH, 23H, 24H, 20H, 21H
        DB      26H, 1EH, 16H, 0EH, 06H, 05H, 04H
```

```
        DB      03H，0BH，13H，1BH，1AH，18H，1DH
        DB      1EH，26H，2EH，36H，3EH，39H，3AH
*****************************************************
        /*延时子程序*/
*****************************************************
DELAY_1S：   MOV     R7，#20
DELAY_1S1：  CALL    DELAY_50MS
             DJNZ    R7，DELAY_1S1
             RET
DELAY_500MS：
             MOV     R7，#10
DELAY_500MS1：
             CALL    DELAY_50MS
             DJNZ    R7，DELAY_500MS1
             RET
DELAY_3S：
             MOV     R5，#10                ；延时约 3 s
DELAY_3S0：  MOV     R6，#00H
DELAY_3S1：  MOV     R7，#00H
DELAY_3S2：  NOP
             NOP
             DJNZ    R7，DELAY_3S2
             DJNZ    R6，DELAY_3S1
             DJNZ    R5，DELAY_3S0
             RET
DELAY_50MS：  MOV       R5，#50               ；延时约 50 ms
DELAY_50MS1：MOV     R6，#250
DELAY_50MS2：NOP
             NOP
             DJNZ    R6，DELAY_50MS2
             DJNZ    R5，DELAY_50MS1
             RET
DELAY：      DB  00H，00H，00H，00H
             DB  00H，00H，00H，00H
             RET
             END
```

八、实训要求与思考题

(1) 分析并完成参考程序中的填空内容。

(2) 输入程序并汇编通过，纠错无误，屏蔽断点全速运行程序，实现要求的功能。

(3) 7289芯片有哪些控制字？分别控制什么功能？

(4) 分析程序功能并填空。

(5) 如何控制调试时间初值？

(6) 分析7289芯片如何判断键值？如何处理键值？

实训五　LED点阵显示

一、实训目的

了解16×16点阵LED的工作原理。

掌握用单片机对16×16点阵LED显示汉字的编程控制方法。

二、实训预习内容

(1) 字符采用16×16点阵排列，字的纵向8点构成一字节，上方的点在字节的高位，字符点阵四角按左下角→左上角→右下角→右上角取字，每个字需要32个字节来表示。

(2) 字符列扫描由74LS154译码控制，行扫描由74HC595移位控制。

(3) 74HC595芯片是一种串入并出的芯片，595具有8位移位寄存器和一个存储器，三态输出功能。移位寄存器和存储器有分别的时钟控制。数据在SRCLK的上升沿输入，在RCK的上升沿进入存储寄存器中。移位寄存器有一个串行移位输入SER端，存储寄存器有一个并行8位的具备三态的总线输出。SCLR为74HC595输出清零端，74LS154是4线—16线译码器。

三、实训设备与器件

实训设备：QTH-2008XS单片机实验仪，QTH-2008XS开发软件，PC机。

实训器件：74LS154译码控制，行扫描由74HC595移位控制、专用导线、LED显示芯片LMD0888C。

四、实训内容

(一) 实现LED点阵显示的列扫描

1. 实训要求

编程控制16×16 LED汉字显示屏进行列扫描。

2. 实训连线

P1.0连LA，P1.1连LB，P1.2连LC，P1.3连LD，P1.4连SER，P1.5连SCLR，P1.6连SRCLK，P1.7连RCK。LED点阵显示连线图如图4.15所示。

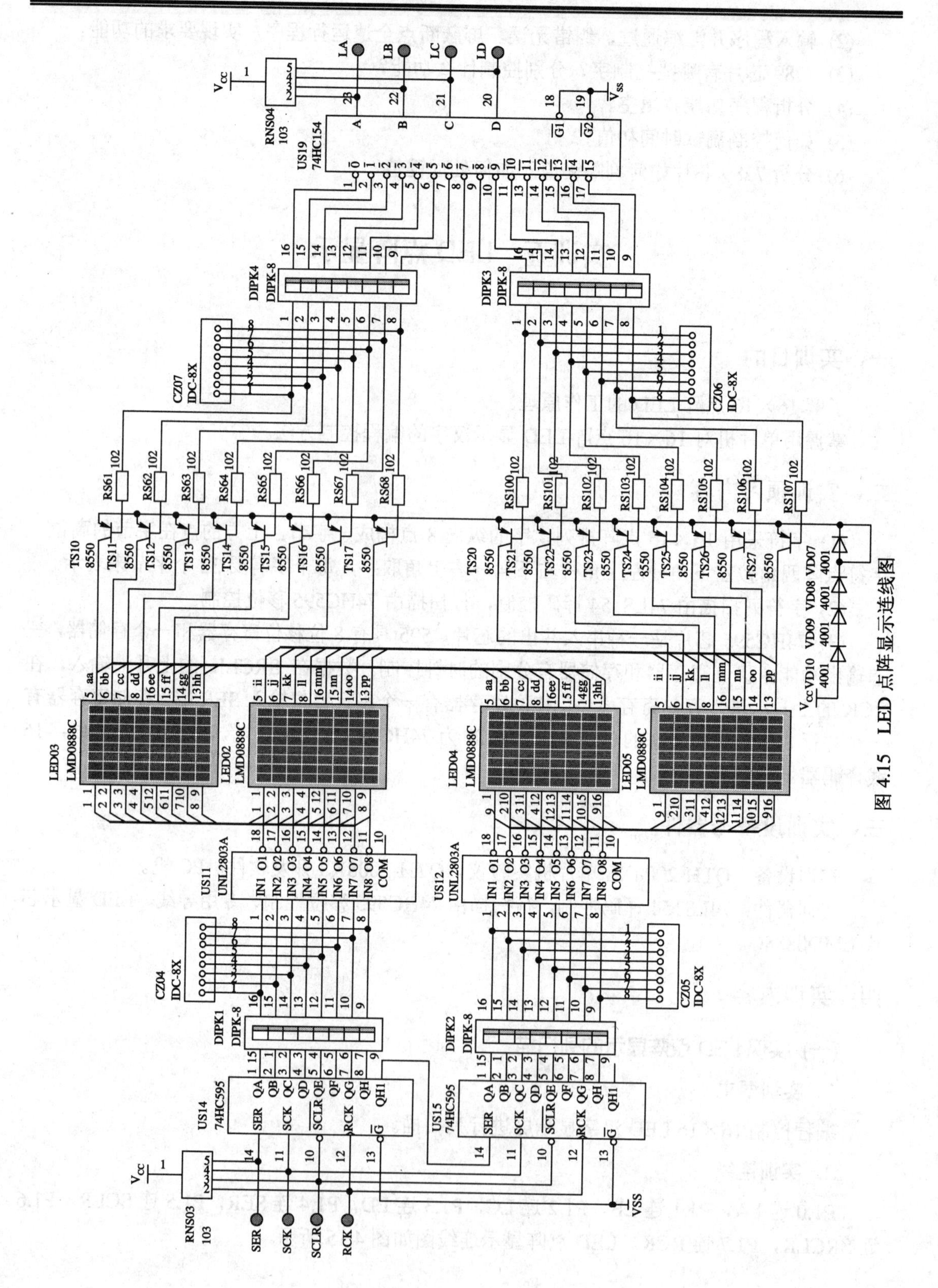

图 4.15　LED 点阵显示连线图

3. 实训参考程序流程图

LED 点阵显示列扫描流程图如图 4.16 所示。

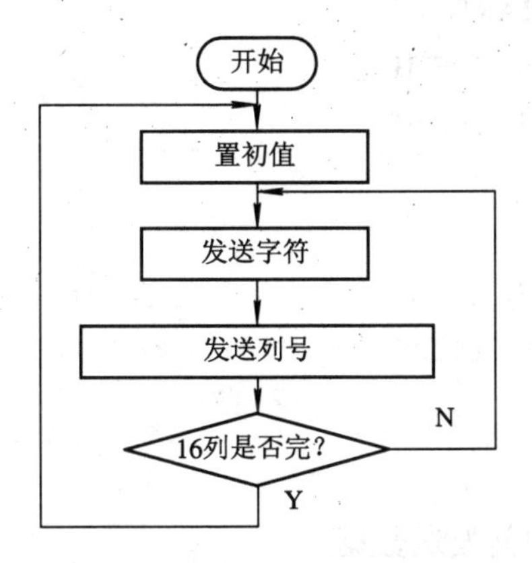

图 4.16　LED 点阵显示列扫描流程图

4. 参考程序

```
SER     BIT     P1.4
SCLR    BIT     P1.5
SRCLK   BIT     P1.6
RCK     BIT     P1.7
ORG     0000H
AJMP    START
ORG     0060H
START:  CLR     SCLR        ；74HC595 输出清零 P1.5——SCLR
        SETB    SCLR
        MOV     R1，#01H
SEND1:  MOV     A，#0FFH
        CLR     RCK
        SETB    C
        MOV     R5，#10H    ；发送字符
SEND2:  RRC     A
        MOV     SER，C      ；P1.4——SER 数据输入端
        CLR     SRCLK       ；P1.6——SCLK 数据输入同步脉冲，上升沿有效(移位)
        SETB    SRCLK
        DJNZ    R5，SEND2   ；16 个位发送是否结束
        MOV     P1，R1      ；列号送 P1
        CALL    DELAY
        MOV     R1，P1
        INC     R1
        MOV     A，R1
```

```
        ANL     A，#0FH
        CJNE    A，#00H，SEND1
        SJMP    START
DELAY： MOV     R6，#0FFH
DELY1： MOV     R7，#0FFH
DELY：  NOP
        NOP
        DJNZ    R7，DELY
        DJNZ    R6，DELY1
        RET
```

5．思考题

(1) LED 点阵显示程序如何发送数据？

(2) 发送数据后为什么加延时子程序？

(3) 修改程序实现 LED 点阵显示扫描。

(二) 实现 LED 点阵汉字显示

1．实训要求

编程控制 16×16 LED 汉字显示屏显示"欢迎您使用微机产品"。

2．实训连线

P1.0 连 LA，P1.1 连 LB，P1.2 连 LC，P1.3 连 LD，P1.4 连 SER，P1.5 连 SCLR，P1.6 连 SRCLK，P1.7 连 RCK。LED 点阵显示连线图如图 4.16 所示。

3．实训参考程序流程图

LED 点阵汉字显示主程序流程图如图 4.17 所示。

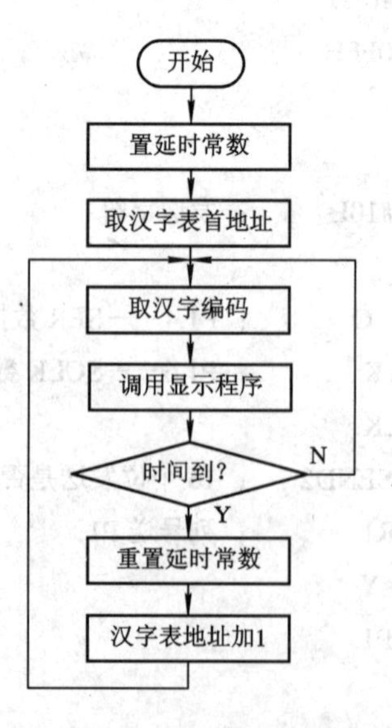

图 4.17　LED 点阵汉字显示主程序流程图

4. 实训参考程序

列扫描由74LS154控制，P1.0～P1.3对应154的A～D，行扫描由74HC595移位控制，P1.4连SER，P1.5连SCLR，P1.6连SRCLK，P1.7连RCK。

```
SER      BIT      P1.4
SCLR     BIT      P1.5
SRCLK    BIT      P1.6
RCK      BIT      P1.7
         ORG      0000H
         AJMP     START
****************************************************************************
         /*主程序*/
****************************************************************************
         ORG      0030H
START:   MOV      R4，#04H              ；延时常数
         MOV      DPTR，#TAB            ；汉字表的位置
         MOV      R2，DPL
         MOV      R3，DPH
START1： MOV      DPL，R2
         MOV      DPH，R3
         CALL     DISP1                 ；调用显示子程序
         DJNZ     R4，START1            ；时间未到仍显示该段
         MOV      R4，#04H              ；时间到重新设置时间常数
         MOV      DPL，R2
         MOV      DPH，R3
         INC      DPTR                  ；取下一段字符
         INC      DPTR
         MOV      R2，DPL
         MOV      R3，DPH
         AJMP     START1
DISP1:   MOV      R1，#00H              ；由第一列开始显示
DISP2:   CLR      SCLR                  ；74HC595输出清零P1.5——SCLR
         SETB     SCLR
         MOV      A，#00H
         MOVC     A，@A+DPTR
         CJNE     A，#0FFH，DISP3       ；若取出的编码为FF，则继续判断
         INC      DPTR
         CLR      A
         MOVC     A，@A+DPTR
         CJNE     A，#0FFH，DISP21      ；若取出的编码为FF，则重新开始
```

```
          AJMP      START
DISP21：  MOV       A，#0FFH
          DEC       DPL
DISP3：   CALL      SEND1
          MOV       A，#00H
          INC       DPTR
          MOVC      A，@A+DPTR
          LCALL     SEND1                        ；调用 1～8 行显示子程序
          CLR       RCK                          ；595 锁存脉冲
          SETB      RCK
          MOV       P1，R1                       ；列号送 P1
          CALL      DELAY
          MOV       R1，P1
          INC       R1
          MOV       A，R1
          ANL       A，#0FH
          CJNE      A，#00H，DISP4
          RET
DISP4：   INC       DPTR
          SJMP      DISP2
*************************************************************************
          /*数据发送子程序*/
*************************************************************************
SEND1：   CLR       RCK
          CLR       C
          MOV       R5，#08H        ；发送字符
SEND2：   RRC       A
          MOV       SER，C          ；P1.4——SER，数据输入端
          CLR       SRCLK           ；P1.6——SCLK，数据输入同步脉冲，上升沿有效(移位)
          SETB      SRCLK
          DJNZ      R5，SEND2       ；8 个位发送是否结束
          RET
*************************************************************************
          /*延时子程序*/
*************************************************************************
DELAY：   MOV       R6，#01H
DELY1：   MOV       R7，#0F0H
DELY：    NOP
          NOP
```

```
        DJNZ    R7，DELY
        DJNZ    R6，DELY1
        RET
；-- 欢迎您使用微机产品--
TAB：
DB      00H，00H，00H，00H，00H，00H，00H，00H，00H，00H
DB      00H，00H，00H，00H，00H，00H，00H，00H，00H，00H
DB      00H，00H，00H，00H，00H，00H，00H，00H，00H，00H
；欢    CBBB6
DB      004H，028H，008H，024H，032H，022H，0C2H，021H
DB      0C2H，026H，034H，038H，004H，004H，008H，018H
DB      030H，0F0H，0C0H，017H，060H，010H，018H，010H
DB      00CH，014H，006H，018H，004H，010H，000H，000H
；迎    CD3AD
DB      002H，002H，004H，082H，0F8H，073H，004H，020H
DB      002H，000H，0E2H，03FH，042H，020H，082H，040H
DB      002H，040H，0FAH，03FH，002H，020H，042H，020H
DB      022H，020H，0C2H，03FH，002H，000H，000H，000H
；您    CC4FA
DB      000H，001H，004H，002H，01CH，00CH，0C0H，03FH
DB      01CH，0C0H，002H，009H，002H，016H，092H，060H
DB      04AH，020H，082H，02FH，002H，020H，00EH，024H
DB      000H，022H，090H，031H，00CH，020H，000H，000H
；使    CCAB9
DB      000H，002H，000H，004H，0FEH，00FH，000H，038H
DB      002H，0E0H，082H，04FH，044H，029H，028H，029H
DB      030H，029H，0C8H，0FFH，008H，029H，00CH，029H
DB      004H，029H，086H，02FH，004H，020H，000H，000H
；用    CD3C3
DB      001H，000H，002H，000H，00CH，000H，0F0H，07FH
DB      040H，044H，040H，044H，040H，044H，040H，044H
DB      0FFH，07FH，040H，044H，040H，044H，042H，044H
DB      041H，044H，0FEH，07FH，000H，000H，000H，000H
；微    CCEA2
DB      080H，008H，000H，011H，0FFH，0EFH，002H，044H
DB      004H，03AH，0F8H，00AH，080H，0FAH，080H，00AH
DB      0FDH，03AH，00AH，004H，084H，01FH，068H，0E8H
DB      010H，048H，0EFH，00FH，002H，008H，000H，000H
```

```
;机    CBBFA
DB      020H, 010H, 0C0H, 010H, 000H, 013H, 0FEH, 0FFH
DB      000H, 012H, 082H, 011H, 00CH, 010H, 030H, 000H
DB      0C0H, 07FH, 000H, 040H, 000H, 040H, 000H, 040H
DB      0FCH, 07FH, 002H, 000H, 01EH, 000H, 000H, 000H
;产    CB2FA
DB      002H, 000H, 00CH, 020H, 0F0H, 027H, 000H, 022H
DB      000H, 032H, 000H, 02EH, 000H, 02AH, 000H, 0A2H
DB      000H, 062H, 000H, 026H, 000H, 02AH, 000H, 032H
DB      000H, 022H, 000H, 026H, 000H, 022H, 000H, 000H
;品    CC6B7
DB      000H, 000H, 0FEH, 000H, 084H, 000H, 084H, 000H
DB      084H, 07EH, 084H, 044H, 0FEH, 044H, 000H, 044H
DB      0FEH, 044H, 084H, 044H, 084H, 044H, 084H, 07EH
DB      084H, 000H, 0FEH, 000H, 000H, 000H, 000H, 000H
DB      00H, 00H, 00H, 00H, 00H, 00H, 00H, 00H, 00H, 00H
DB      00H, 00H, 00H, 00H, 00H, 00H, 00H, 00H, 00H, 00H
DB      00H, 00H, 00H, 00H, 00H, 00H
DB      0FFH, 0FFH
END
```

五、实训要求与思考题

(1) 输入程序并汇编通过，纠错无误，屏蔽断点全速运行程序，实现要求的功能。

(2) 修改程序，实现列循环点亮中间间隔时间为 1 秒。

(3) 修改程序，实现两个字为一组轮流显示，如先显示“欢迎”隔 1 秒后显示“使用”，依次类推。

(4) 程序中为什么要判断两次 FFH？

(5) 分析 LED 点阵如何进行数据发送？

实训六　点阵式 LCD(128×64)液晶显示

一、实训目的

了解 LCD 液晶显示器的引脚功能和连线方法。

掌握 LCD 液晶显示模块与单片机的连接方法，LCD 液晶显示模块显示汉字的编程方法。

二、实训预习知识

1. LCD 模块

LCD(SMG12864 及兼容芯片)模块引脚说明如表 4.7 所示。

表 4.7　LCD(SMG12864 及兼容芯片)模块引脚介绍

编号	符号	引脚说明	编号	符号	引脚说明
1	V_{SS}	电源地	11	DB4	Data I/O
2	V_{DD}	电源正极(+5 V)	12	DB5	Data I/O
3	V0	液晶显示偏压输入	13	DB6	Data I/O
4	RS	数据/命令选择端(H/L)	14	DB7	Data I/O
5	R/W	读/写控制信号(H/L)	15	CS1	片选 IC1 信号
6	E	使能信号	16	CS2	片选 IC2 信号
7	DB0	Data I/O	17	$\overline{RST}$	复位端(H：正常工作，L：复位)
8	DB1	Data I/O	18	V_{EE}	负电源输出(– 10 V)
9	DB2	Data I/O	19	BLA	背光源正极(+4.2 V)
10	DB3	Data I/O	20	BLK	背光源负极

2．基本操作说明

1) 读状态

输入：RS=L，R/W=H，CS1 或 CS2=H，E=高脉冲；

输出：D0～D7=状态字。

2) 写指令

输入：RS=L，R/W=L，D0～D7=指令码，CS1 或 CS2=H，E=高脉冲；

输出：无。

3) 读数据

输入：RS=H，R/W=H，CS1 或 CS2=H，E=H；

输出：D0～D7=数据。

4) 写数据

输入：RS=H，R/W=L，D0～D7=数据，CS1 或 CS2=H，E=高脉冲；

输出：无。

3．状态字说明

STA7	STA6	STA5	STA4	STA3	STA2	STA1	STA0
D7	D6	D5	D4	D3	D2	D1	D0

STA0～STA4：未用。

STA5：液晶显示状态，1 为关闭，0 为显示。

STA6：未用。

STA7：读/写操作使能，1 为禁止，0 为允许。

对控制器每次进行读/写操作之前，都必须进行读/写检测，以确保 STA7 为 0。

4．RAM 地址映射图

LCD 显示屏由两片控制器控制，每个内部带有 64×64 位(512 字节)的 RAM 缓冲区，对应关系如图 4.18 所示。

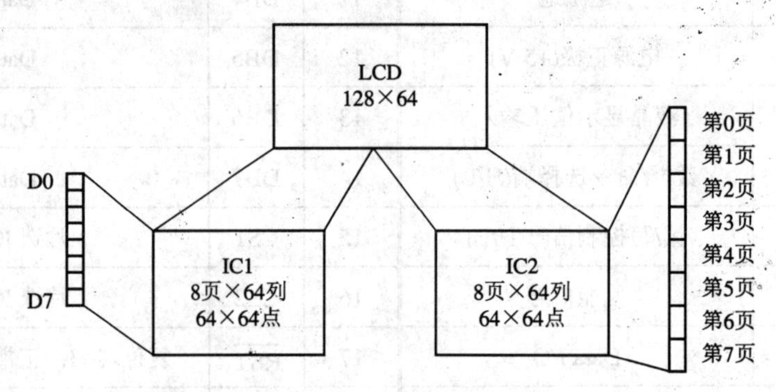

图 4.18　两片 LCD 显示屏

5．指令说明

1) 初始化设置

显示开/关设置如下：

指令码	功　能
3EH	关显示
3FH	开显示

显示初始设置如下：

指令码	功　能
C0H	设置显示初始行

2) 数据控制

控制器内部设有一个数据地址页和一个数据地址列指针，用户可通过它们来访问内部的全部 512 字节 RAM。

数据指针设置如下：

指令码	功　能
B8H+页码(0～7)	设置数据地址页指针
40H+列码(0～63)	设置数据地址列指针

6．初始化过程

(1) 写指令 C0H，设置显示初始行。

(2) 写指令 3FH，开显示。

三、实训设备与器件

实训设备：QTH-2008XS 单片机实验仪，QTH-2008XS 开发软件，PC 机。

实训器件：专用导线，LCD(SMG12864)模块。

四、实训内容

在 LCD(SMG12864)模块上显示“微机应用研究所”。

五、实训连线

把仿真器的数据线与 LCD 数据线相连。RS 连 P2.0，CS1 连 P2.2，R/W 连 P2.3，CS2 连 P2.1，E 连 P2.7。

点阵式 LCD(SMG12864)液晶显示连线图如图 4.19 所示。

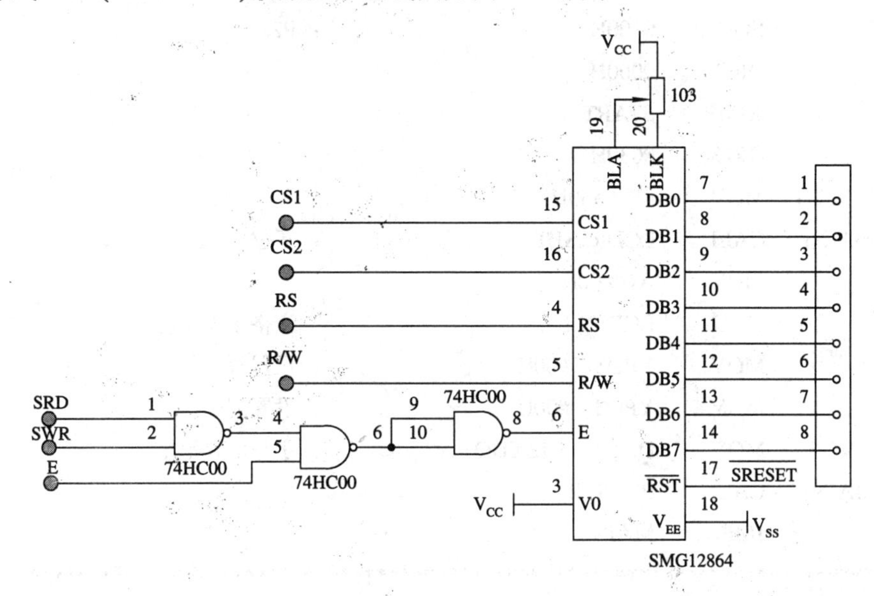

图 4.19　点阵式 LCD(SMG12864)液晶显示连线图

六、实训参考程序流程图

点阵式 LCD(SMG12864)液晶显示流程图如图 4.20 所示。

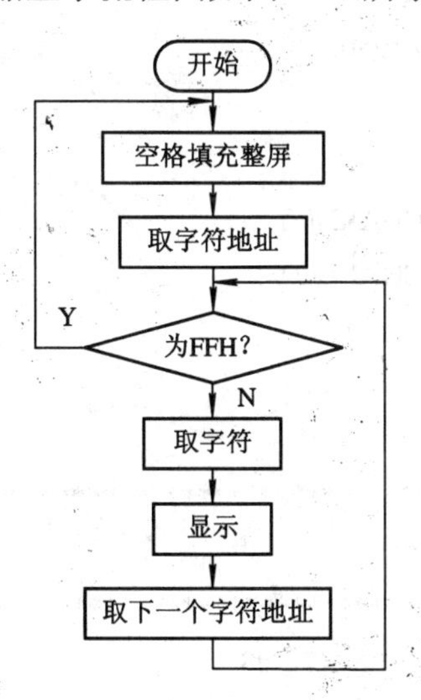

图 4.20　点阵式 LCD(SMG12864)液晶显示流程图

七、实训参考程序

```
XPOS    EQU     20H             ；列方向地址指针
YPOS    EQU     21H             ；行方向地址指针
CS2     EQU     0200H           ；P2.1
CS1     EQU     0400H           ；P2.2
CS      EQU     8000H           ；P2.7
RW      EQU     0800H           ；P2.3
RS      EQU     0100H           ；P2.0
        ORG     0000H
        AJMP    START
        ORG     0030H
START:  MOV     SP，#60H
MAIN:   CALL    LCDRESET        ；复位
        MOV     A，#00H
        CALL    LCDFILL         ；空格填充整屏
        MOV     XPOS，#00H      ；设置页
        MOV     YPOS，#00H      ；设置列
        MOV     DPTR，#HZKDOT   ；字符串首地址
MAIN1:  CALL    PUTSTR
        JMP     MAIN1
****************************************************************************
        /* 显示字符子程序 */
****************************************************************************
PUTSTR: CALL    LCDRESET        ；复位
        CALL    DELAY           ；延时
        CALL    GETADDR         ；取要显示字符的地址
        PUSH    DPL
        PUSH    DPH
        CALL    PUTCHARDOT      ；显示中文
        CALL    PUTCHARDOT
        POP     DPH
        POP     DPL
        RET
****************************************************************************
        /* 显示子程序 */
****************************************************************************
PUTCHARDOT:     MOV     R7，#8
PAC_PA:         CLR     A
```

```
            MOVC      A，@A+DPTR          ；取出字符
            CALL      LCDWRITE            ；显示字符(上半段)
            INC       YPOS
            INC       DPTR
            CLR       A
            MOVC      A，@A+DPTR          ；取出字符
            CALL      LCDWRITE            ；显示字符(下半段)
            DEC       YPOS
            INC       DPTR
            CALL      CUSORNEXT
            MOV       A，XPOS
            JNZ       PAC_LAX             ；功能________
            INC       YPOS
PAC_LAX：   DJNZ      R7，PAC_PA
            RET
*******************************************************************************
      /* 调整行列指针 */
*******************************************************************************
CUSORNEXT：ANL      YPOS，#7
           INC      XPOS
           MOV      A，XPOS
           JNB      ACC.7，CNT_LAX
           MOV      XPOS，#0              ；满 128 列列指针赋初值
           INC      YPOS                  ；行指针加 1
           MOV      A，YPOS
           ANL      A，#0F8H              ；功能________
           JZ       CNT_LAX
           MOV      YPOS，#0              ；满 8 行行指针赋初值
CNT_LAX：  RET
*******************************************************************************
      /* 取字符的地址 */
*******************************************************************************
GETADDR：  CLR      A
           MOVC     A，@A+DPTR
           INC      DPTR
           MOV      B，A
           INC      A
           JZ       GETADDR1              ；取出的数据为 00 并清零标志位
           CLR      A
```

```
            MOVC    A，@A+DPTR
            CJNE    A，#0FFH，GETADDR2   ；检查是否是最后一个字符
            CALL    DELAY400MS
            CALL    DELAY400MS
            CALL    DELAY400MS
GETADDR1：  AJMP    START                ；若是最后一个字符转到开始
GETADDR2：  DEC     DPTR
            RET
*********************************************************************************
        /* 定位并写数据子程序 */
*********************************************************************************
LCDWRITE：  CALL    LCDPOS               ；内部写数据指针定位
            CALL    LCDWD                ；写数据
            RET
*********************************************************************************
        /* 内部写数据指针定位子程序*/
*********************************************************************************
LCDPOS：    PUSH    ACC
            MOV     A，XPOS
            JB      ACC.6，LPOS1
            MOV     A，YPOS              ；XPOS 列方向小于 64，则对 CS1 操作
            ANL     A，#07H
            ADD     A，#0B8H
            CALL    LCDWC1               ；设页码
            MOV     A，XPOS
            ANL     A，#3FH
            ADD     A，#40H
            CALL    LCDWC1               ；设列码
            AJMP    LPOS2
LPOS1：     MOV     A，YPOS              ；XPOS 列方向大于等于 64，则对 CS2 操作
            ANL     A，#07H
            ADD     A，#0B8H
            CALL    LCDWC2               ；设页码
            MOV     A，XPOS
            ANL     A，#3FH
            ORL     A，#40H
            CALL    LCDWC2               ；设列码
LPOS2：     POP     ACC
            RET
```

```
**************************************************************************
        /* 送数据子程序 */
**************************************************************************
LCDWD:      MOV     B，A
            MOV     A，XPOS
            JB      ACC.6，LWD1          ；功能：________
            MOV     A，B                 ；XPOS 列方向小于 64，则对 CS1 操作
            CALL    LCDWD1
            JMP     LWD2
LWD1:       MOV     A，B               ；XPOS 列方向大于等于 64，则对 CS2 操作
            CALL    LCDWD2
LWD2:       RET
**************************************************************************
        /* LCD 整屏显示 A 的内容 */
**************************************************************************
LCDFILL:    MOV     R7，A
            MOV     YPOS，#00H
LCDFILL1:   MOV     XPOS，#00H
LCDFILL2:   MOV     A，R7
            CALL    LCDWRITE             ；定位并写数据
            INC     XPOS
            MOV     A，XPOS
            CJNE    A，#128，LCDFILL2    ；XPOS<128，则循环(128 列)
            INC     YPOS
            MOV     A，YPOS
            CJNE    A，#8，LCDFILL1      ；YPOS<8，则循环(8 页)
            MOV     XPOS，#0
            MOV     YPOS，#0
            RET
**************************************************************************
        /* LCD 控制器复位 */
**************************************************************************
LCDRESET:   MOV     A，#3FH              ；打开 LCD 显示
            CALL    LCDWC1
            CALL    LCDWC2
            MOV     A，#0C0H             ；设显示起始行
            CALL    LCDWC1
            CALL    LCDWC2
            RET
```

```
*************************************************************************
        /* 送控制字子程序 */
*************************************************************************
LCDWC1:     PUSH    DPH
            PUSH    DPL
            CALL    WAITIDLE1
            MOV     DPTR，#CS+CS1          ; E=1，CS1=1，RS=0
            MOVX    @DPTR，A
            POP     DPL
            POP     DPH
            RET
LCDWC2:     PUSH    DPH
            PUSH    DPL
            CALL    WAITIDLE2
            MOV     DPTR，#CS+CS2          ; E=1，CS2=1，RS=0
            MOVX    @DPTR，A
            POP     DPL
            POP     DPH
            RET
*************************************************************************
        /* 写数据子程序 */
*************************************************************************
LCDWD1:     PUSH    DPH
            PUSH    DPL
            CALL    WAITIDLE1
            MOV     DPTR，#CS+CS1+RS       ; E=1，CS1=1，RS=1
            MOVX    @DPTR，A
            POP     DPL
            POP     DPH
            RET
LCDWD2:     PUSH    DPH
            PUSH    DPL
            CALL    WAITIDLE2
            MOV     DPTR，#CS+CS2+RS       ; E=1，CS2=1，RS=1
            MOVX    @DPTR，A
            POP     DPL
            POP     DPH
            RET
```

```
**************************************************************************
        /* 读数据子程序 */
**************************************************************************
LCDRD1：    PUSH    DPH
            PUSH    DPL
            CALL    WAITIDLE1
            MOV     DPTR，#CS+CS1+RS+RW          ；E=1，CS1=1，RS=1
            MOVX    A，@DPTR
            POP     DPL
            POP     DPH
            RET
LCDRD2:     PUSH    DPH
            PUSH    DPL
            CALL    WAITIDLE2
            MOV     DPTR，#CS+CS2+RS+RW          ；E=1，CS2=1，RS=1
            MOVX    A，@DPTR
            POP     DPL
            POP     DPH
            RET
**************************************************************************
        /* 检忙子程序 */
**************************************************************************
WAITIDLE1：  PUSH    DPH
            PUSH    DPL
            PUSH    ACC
            MOV     DPTR，#CS+CS1+RW             ；E=1，CS2=1，RS=1
WT1_PA:     MOVX    A，@DPTR
            JB      ACC.7，WT1_PA                ；功能________
            POP     ACC
            POP     DPL
            POP     DPH
            RET
WAITIDLE2:  PUSH    DPH
            PUSH    DPL
            PUSH    ACC
            MOV     DPTR，#CS+CS2+RW             ；E=1，CS2=1，RS=1
WT2_PA:     MOVX    A，@DPTR
            JB      ACC.7，WT2_PA                ；功能________
            POP     ACC
```

```
            POP       DPL
            POP       DPH
            RET
****************************************************************************
        /* 延时子程序 */
****************************************************************************
DELAY400MS： MOV   R7，#20                  ；400 ms
DL4_PA：     MOV   R6，#100
DL4_PB：     MOV   R5，#100
             DJNZ  R5，$
             DJNZ  R6，DL4_PB
             DJNZ  R7，DL4_PA
             RET
DELAY：      MOV   R6，#2
DLY_PA：     MOV   R5，#0
DLY_PB：     MOV   R4，#0
            DJNZ   R4，$
            DJNZ   R5，DLY_PB
            DJNZ   R6，DLY_PA
            RET
HZKDOT：
；微 CCEA2(03)
            DW     1001H，8800H，0F7FFH，2240H，5C20H，501FH，5F01H，5001H
            DW     5CBFH，2050H，0F821H，1716H，1208H，0F0F7H，1040H，0000H
；机 CBBFA(04)
            DW     0804H，0803H，0C800H，0FFFFH，4800H，8841H，0830H，000CH
            DW     0FE03H，0200H，0200H，0200H，0FE3FH，0040H，0078H，0000H
；应 CD3A6(05)
            DW     0040H，0038H，0FC07H，4420H，8420H，042FH，1424H，2520H
            DW     0C623H，8430H，042CH，0423H，0E420H，4422H，0020H，0000H
；用 CD3C3(06)
            DW     0080H，0040H，0030H，0FE0FH，2202H，2202H，2202H，2202H
            DW     0FEFFH，2202H，2202H，2242H，2282H，0FE7FH，0000H，0000H
；研 CD1D0(07)
            DW     0201H，0C200H，0F23FH，4E10H，0C29FH，0240H，4020H，4218H
            DW     0FE07H，4200H，4200H，4200H，0FEFFH，4200H，4200H，0000H
；究 CBEBF(08)
            DW     0000H，4C00H，2440H，9420H，8410H，840CH，0F503H，8600H
            DW     8400H，843FH，1440H，2440H，4440H，0C40H，0478H，0000H
```

```
;所 CCBF9(09)
        DW      0040H，0FE3FH，1201H，1201H，1181H，0F141H，0130H，000CH
        DW      0FE03H，2200H，2200H，2100H，0E1FFH，2100H，2100H，0000H
        DW      0FFFFH
    END
```

八、实训要求与思考题

(1) 分析并完成参考程序中的填空内容。
(2) 输入程序并汇编通过，纠错无误，屏蔽断点全速运行程序，实现要求的功能。
(3) 分析程序中如何传送数据？
(4) 程序中如何实现整屏显示？如何实现行扫描显示？

实训七　DS18B20 单总线数字式温度控制

一、实训目的

了解单总线传输协议。

掌握 DS18B20 单总线数字式温度传感器的工作原理、控制方法及编程方法；以及单片机应用系统的综合设计、分析和调试方法。

二、实训预习知识

1．芯片简介

(1) DS18B20 内部结构如图 4.21 所示。

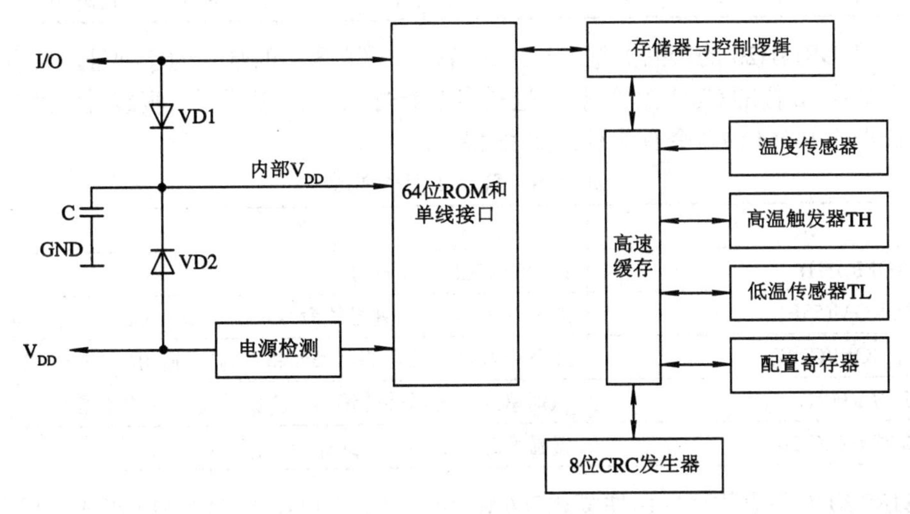

图 4.21　DS18B20 内部结构

(2) DS18B20有独特的单线接口方式，如图4.22所示。

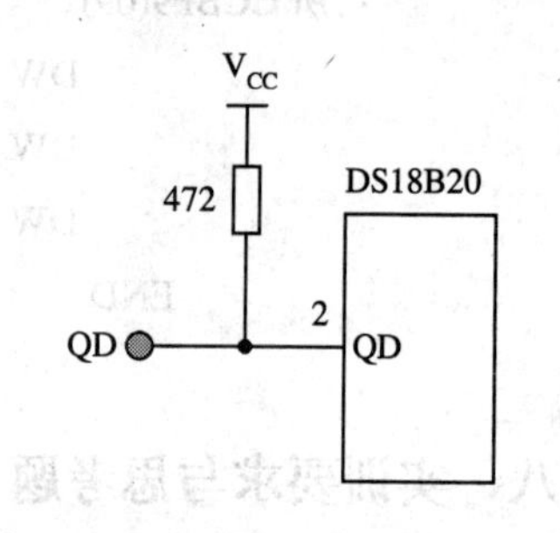

图4.22 DS18B20单线接口方式

单总线协议：总线协议保证了数据可靠的传输，任一时刻单总线上只能有一个控制信号或数据。一次数据传输可分为以下四个操作过程：① 初始化；② 传送ROM命令；③ 传送RAM命令；④ 数据交换。

单总线上所有的处理都从初始化开始。初始化时序由一个复位脉冲(总线命令者发出)和一个或多个从者发出的应答信号(总线从者发出)组成。应答脉冲的作用是：从器件让总线命令者知道该器件是在总线上的，并准备好开始工作。当总线命令者检测到某器件的存在时，先发送7个ROM功能命令中的一个命令：

① 读ROM：总线上只有一个器件时，即读出其序列号；

② 匹配ROM：总线上有多个器件时，寻址某个器件；

③ 查找ROM：系统首次启动后，须识别总线上各器件；

④ 跳过ROM：总线上只有一个器件时，可跳过读ROM命令直接向器件发送命令，以节省时间；

⑤ 超速匹配ROM：超速模式下寻址某个器件；

⑥ 超速跳过ROM：超速模式下跳过读ROM命令；

⑦ 条件查找ROM：只查找输入电压超过设置的报警门限值的器件。

当成功执行上述命令之一后，总线命令者可发送任何一个命令来访问存储器和控制功能，进行数据交换。所有数据的读/写都是从最低位开始的。

单总线传送的数据或命令是由一系统的时序信号组成的，单总线上共有四种时序信号：初始化信号、写0信号、写1信号和读信号。

(3) DS18B20的64位ROM的结构如下：

8 bit 检验CRC	48 bit 序列号	8 bit 工厂代码(10H)

开始8位是DS18B20的产品类型编号，接着是每一个器件的唯一的序列号，共有48位，最后8位是前56位的CRC校验码，这也是多个DS18B20可以采用一根线进行通信的原因。

主机操作ROM的命令有五种，如表4.8所示。

表4.8 ROM操作的命令

指　　令	说　　明
读ROM(33H)	读DS18B20的序列号
匹配ROM(55H)	继续读完64位序列号的命令，用于多个DS18B20时定位
跳过ROM(CCH)	此命令执行后的存储器操作将针对在线的所有DS18B20
搜ROM(F0H)	识别总线上各器件的编码，为操作各器件作好准备
报警搜索(ECH)	仅温度越限的器件对此命令作出响应

DS18B20的高速暂存器由便笺式RAM和非易失性电擦写EERAM组成，后者用于存储TH、TL值。数据先写入便笺式RAM，经校验后再传给EERAM。便笺式RAM占9个字节，包括温度信息(第1、2字节)、TH和TL值(3、4字节)、配置寄存器数据(5字节)、

CRC(第 9 字节)等，第 6、7、8 字节不用。

2．控制寄存器的格式及功能

1) 温度寄存器格式(这些字节都是只读的)

LS Byte

Bit7	Bit6	Bit5	Bit4	Bit3	Bit2	Bit1	Bit0
2^3	2^2	2^1	2^0	2^{-1}	2^{-2}	2^{-3}	2^{-4}

MS Byte

Bit15	Bit14	Bit13	Bit12	Bit11	Bit10	Bit9	Bit8
S	S	S	S	S	2^6	2^5	2^4

2) 超标报警寄存器格式

Bit7	Bit6	Bit5	Bit4	Bit3	Bit2	Bit1	Bit0
S	2^6	2^5	2^4	2^3	2^2	2^1	2^0

3) 配置寄存器格式

用户可以用这一寄存器的 R0、R1 设置 DS18B20 的温度转换的精度位数。

Bit7	Bit6	Bit5	Bit4	Bit3	Bit2	Bit1	Bit0
0	R1	R0	1	1	1	1	1

4) 转换分辨率配置

R1	R0	分辨率/bit	温度最大转换时间/ms	
0	0	9	93.75	$t_{conv}/8$
0	1	10	187.5	$t_{conv}/4$
1	0	11	375	$t_{conv}/2$
1	1	12	750	t_{conv}

DS18B20 的温度转换时间比较长，而且设定的分辨率越高，所需要的温度数据转换时间就越长。

存储器的命令共有 6 条，如表 4.9 所示。

表 4.9　DS18B20 存储控制命令

指　令	说　明
温度转换(44H)	启动在线 DS18B20 作温度 A/D 转换
读数据(BEH)	从高速暂存器读 9 位温度值和 CRC 值
写数据(4EH)	将数据写入高速暂存器的第 3 和第 4 字节中
复制(48H)	将高速暂存器中第 3 和第 4 字节复制到 EERAM
读 EERAM(88H)	将 EERAM 内容写入高速暂存器中第 3 和第 4 字节
读电源供电方式(B4H)	了解 DS18B20 的供电方式

在正常情况下，DS18B20 的测温分辨率为 0.5℃，可采用下述方法获得高分辨率的温度测量结果：首先，用 DS18B20 提供的读暂存器指令(BEH)读出以 0.5℃为分辨率的温度测量

结果；其次，切去测量结果中的低有效位(LSB)，得到所测实际温度的整数部分 Tz；然后，再用 BEH 指令取计数器 1 的计数剩余值 Cs 和每度计数值 CD。当 DS18B20 完成温度转换后，就把测得的温度值与 TH、TL 作比较。若 T>TH 或 T<TL，则将该器件内的告警标志置位，并对主机发出的告警搜索命令作出响应。因此，可用多只 DS18B20 同时测量温度，主机进行告警搜索。一旦某测温点越限，主机利用告警搜索命令即可识别正在告警的器件，并读出序列号，而不必考虑非告警器件。

三、实训设备与器件

实训设备：QTH-2008XS 单片机实验仪，QTH-2008XS 开发软件，PC 机。
实训器件：专用导线，单线数字传感器 DS18B20，LED 显示器。

四、实训内容

设计一个温控系统，通过传感器读取外界温度，并通过两位 LED 数码管显示测量的实时温度，用手触摸传感器，观察 LED 所显示的温度变化。

五、实训连线

单线数字传感器 DS18B20 芯片：QD 连 P1.0。
串/并转换实验孔：DIN 连 P3.0，CLK 连 P3.1。

六、实训程序

```
TEMPER_L      DATA   36H           ；温度寄存器的低位
TEMPER_H      DATA   35H           ；温度寄存器的高位
TEMPER_NUM    DATA   60H           ；保存温度值
FLAG          BIT    00H           ；器件是否存在的标志位，若器件存在，
                                   ；则由软件置 1；否则清 0
DQ            BIT    P1.0
              ORG    0000H
              AJMP   START
**************************************************************
              /*主程序*/
**************************************************************
              ORG    0030H
START：       MOV    SP，#70H
              CALL   GET_TEMPER    ；读取温度值
              CALL   TEMPER_COV    ；读取转换后的温度值
              MOV    R0，A
              CALL   DISP
              CALL   DELAY
              AJMP   START
```

```
****************************************************************
                    /*取得温度子程序*/
****************************************************************
GET_TEMPER：     SETB    DQ
                 CALL    CHECK

                 MOV     A，#0CCH          ；跳过 ROM 匹配(当总线上只有一个器
                                           ；件时可跳过读 ROM 命令)
                 CALL    DSWRITE           ；写入命令
                 MOV     A，#44H           ；发出温度转换命令
                 CALL    DSWRITE
                 NOP
                 CALL    DELAY
                 CALL    DELAY
                 CALL    CHECK
                 MOV     A，#0CCH          ；跳过 ROM 匹配
                 CALL    DSWRITE
                 MOV     A，#0BEH          ；发出读温度命令
                 CALL    DSWRITE
                 CALL    DSREAD            ；读取温度的低位
                 MOV     R0，#TEMPER_L
                 MOV     @R0，A            ；存入 TEMPER_L
                 CALL    DSREAD            ；读取温度的低位
                 DEC     R0                ；存入 TEMPER_H
                 MOV     @R0，A
                 RET
****************************************************************
     /*读 DS18B20 的程序，从 DS18B20 中读出一个字节的数据*/
****************************************************************
DSREAD：         MOV     R2，#8
READ1：          CLR     C
                 SETB    DQ
                 NOP
                 NOP
                 CLR     DQ
                 NOP
                 NOP
                 NOP
                 SETB    DQ
```

```
                MOV     R3，#01
                DJNZ    R3，$
                MOV     C，DQ
                MOV     R3，#23
                DJNZ    R3，$
                RRC     A
                DJNZ    R2，READ1
                RET
************************************************************
                /*写 DS18B20 子程序*/
************************************************************
DSWRITE:        MOV     R2，#8
                CLR     C
WRITE1:         CLR     DQ
                MOV     R3，#6               ；延时 12 μs
                DJNZ    R3，$
                RRC     A
                MOV     DQ，C
                MOV     R3，#23              ；延时 46 μs
                DJNZ    R3，$
                SETB    DQ
                NOP
                DJNZ    R2，WRITE1
                SETB    DQ
                RET
************************************************************
                /*温度转换程序*/
************************************************************
TEMPER_COV:     MOV     A，#0F0H
                ANL     A，TEMPER_L          ；舍去温度低位中小数点后的四位数值
                SWAP    A
                MOV     TEMPER_NUM，A
                MOV     A，TEMPER_L
                JNB     ACC.3，TEMPER_COV1   ；四舍五入取温度值
                INC     TEMPER_NUM           ；D3 为 1，则加 1；D3 为 0，则舍去
TEMPER_COV1:    MOV     A，TEMPER_H          ；高位
                ANL     A，#07H              ；温度寄存器的高字节只有后 3 位有效
                SWAP    A
                ORL     A，TEMPER_NUM        ；合并温度值
```

```
                MOV     TEMPER_NUM，A  ；保存变换后的温度数据
                CALL    BIN_BCD
                RET
***************************************************************
                /*检查器件是否存在子程序*/
***************************************************************
CHECK：         CALL    DSINIT          ；初始化
                JB      FLAG，CHECK1    ；检查标志位判断器件是否存在
                AJMP    CHECK           ；若DS18B20不存在，则继续检测
CHECK1：        CALL    DELAY1
                RET
***************************************************************
                /*BCD码转换子程序*/
***************************************************************
BIN_BCD：       MOV     DPTR，#TEMP_TAB
                MOV     A，TEMPER_NUM
                MOVC    A，@A+DPTR
                MOV     TEMPER_NUM，A
                RET
***************************************************************
                /*初始化子程序*/
    初始化时序是由总线发出一个复位信号，然后由器件发出一个应答信号，
    表示该器件存在，并准备好开始工作。
***************************************************************
DSINIT：        SETB    DQ
                NOP
                CLR     DQ              ；总线发一个复位信号
                MOV     R0，#80H
                DJNZ    R0，$           ；延时
                SETB    DQ              ；拉高总线准备检测
                MOV     R0，#25H        ；延时
                DJNZ    R0，$
                JNB     DQ，INIT2       ；检测是否有应答信号，有应答信号跳转
                AJMP    INIT3           ；延时
INIT2：         SETB    FLAG            ；置标志位，表示DS18B20存在
                AJMP    INIT4
INIT3：         CLR     FLAG            ；清标志位，表示DS18B20不存在
                AJMP    INIT5
INIT4：         MOV     R0，#6BH
```

```
                DJNZ    R0，$           ；延时
INIT5:          SETB    DQ              ；拉高总线
                RET
*******************************************************************
                /*配置程序*/
*******************************************************************
RE_CONFIG:      JB      FLAG，RE_CONFIG1    ；若DS18B20存在，转RE_CONFIG1
                RET
RE_CONFIG1:     MOV     A，#0CCH        ；发 SKIP ROM 命令
                CALL    DSWRITE
                MOV     A，#4EH         ；发写暂存存储器命令
                CALL    DSWRITE
                MOV     A，#______      ；TH(报警上限)中写入数据
                CALL    DSWRITE
                MOV     A，#_____       ；TL(报警下限)中写入数据
                CALL    DSWRITE
                MOV     A，#7FH         ；选择12位温度分辨率
                CALL    DSWRITE
                RET
*******************************************************************
                /*显示子程序*/
*******************************************************************
DISP:           MOV     A，R0           ；转换结果低位
                ANL     A，#0FH
                ACALL   DSEND           ；显示
                MOV     A，R0
                SWAP    A
                ANL     A，#0FH         ；转换结果高位
                ACALL   DSEND           ；显示
                RET
DSEND:          MOV     DPTR，#SGTB1
                MOVC    A，@A+DPTR      ；取字符
                MOV     SBUF，A
                JNB     TI，$
                CLR     TI
                RET
*******************************************************************
                /*延时程序*/
*******************************************************************
```

```
DELAY：       MOV     R7，#00H
DELAY0：      MOV     R6，#00H
              DJNZ    R6，$
              DJNZ    R7，DELAY0
              RET
DELAY1：      MOV     R7，#20H
              DJNZ    R7，$
              RET
*****************************************************************
              /*字符编码*/
*****************************************************************
SGTB1：       DB      03H             ；0
              DB      9FH             ；1
              DB      25H             ；2
              DB      0DH             ；3
              DB      99H             ；4
              DB      49H             ；5
              DB      41H             ；6
              DB      1FH             ；7
              DB      01H             ；8
              DB      09H             ；9
              DB      11H             ；A
              DB      0C1H            ；B
              DB      63H             ；C
              DB      85H             ；D
              DB      61H             ；E
              DB      71H             ；F
              DB      00H
TEMP_TAB：    DB 00H，01H，02H，03H，04H，05H，06H，07H
              DB 08H，09H，10H，11H，12H，13H，14H，15H
              DB 16H，17H，18H，19H，20H，21H，22H，23H
              DB 24H，25H，26H，27H，28H，29H，30H，31H
              DB 32H，33H，34H，35H，36H，37H，38H，39H
              DB 40H，41H，42H，43H，44H，45H，46H，47H
              DB 48H，49H，50H，51H，52H，53H，54H，55H
              DB 56H，57H，58H，59H，60H，61H，62H，63H
              DB 64H，65H，66H，67H，68H，69H，70H，71H
              DB 72H，73H，74H，75H，76H，77H，78H，79H
              DB 80H，81H，82H，83H，84H，85H，86H，87H
```

```
DB 88H，89H，90H，91H，92H，93H，94H，95H
DB 96H，97H，98H，99H
END
```

七、实训要求与思考题

(1) 分析程序，读懂程序功能，画出程序流程图。

(2) 输入程序并汇编通过，纠错无误，屏蔽断点全速运行程序，用手触摸 DS18B20 温度传感器，观察显示数据的变化情况。

(3) 画出单片机与 DS18B20 温度传感器、显示器连接的电路图。

(4) 实训程序中只是设置温度的最高值和最低值，并没有进行处理，若要求超过最高温度就启动风扇，低于最低温度就报警，请编程实现，并画出连接图。

实训八　AT24C16 I²C 总线

一、实训目的

熟悉 I²C 总线的接口方式。

掌握 I²C 总线读/写时序和编程方法。

二、实训预习知识

I²C(Inter-IC)总线是英文 INTER IC BUS 或 IC TO IC BUS 的简称。它是同步通信的一种特殊形式，具有接口线少，控制方式简化，器件封装形式小，通信速率较高等优点。在主从通信中，可以有多个 I²C 总线的器件同时接到 I²C 总部线上，所有 I²C 兼容的器件都有标准接口，通过地址来识别通信对象，使它们可以经由 I²C 总线互相直接通信。

I²C 总线是由数据线 SDA 和时钟线 SCL 构成的串行总线，可以发送和接收数据。CPU 发出的控制信号分为地址码和数据码两部分：地址码用来选址，即接通需要控制的电路，确定总线通信的器件；数据码是通信的内容。

为了避免总线上信号的混乱，要求各设备连接到总线的输出端必须是开漏输出或集电极开路输出的结构。SDA 与 SCL 为双向线，用上拉电阻接到电源的正极。

在传输数据开始前，主控器件应发送起始位，通知从接收器件作好接收准备；在传输数据结束时，主控器件应发送停止位，通知从接收器件停止接收。这两种信号是启动和关闭 I²C 器件的信号。以下分析所需的起始位及停止位的时序条件，如图 4.23 所示。

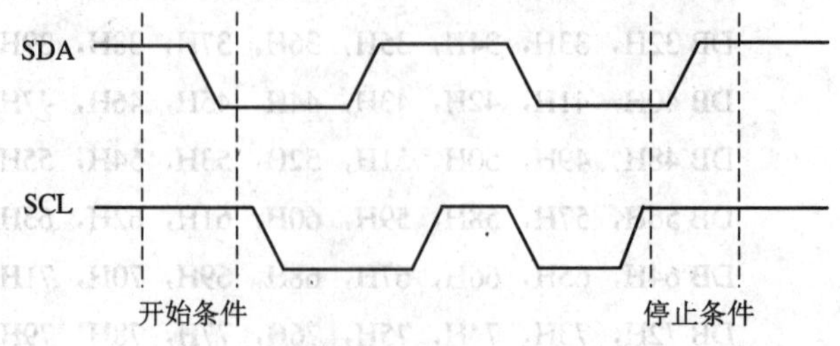

图 4.23　起始位及停止位的时序条件

起始位时序：当 SCL 线在高位时，SDA 线由高转至低，I^2C 总线被启动。

停止位时序：当 SCL 线在高位时，SDA 线由低转至高，I^2C 总线被关闭。

I^2C 总线接收器在 SCL 时钟上升沿锁存 SDA 引脚上的输入数据，I^2C 总线发送时，先输出高位，后输出低位。

数据传送必须有应答信号。接收器收到发送器一个字节的数据后，必须向发送器回送低电平的应答信号，否则发送器将停止发送数据。因此在主器件输出一个字节的数据后，必须再发送第九个 SCL 脉冲，以便主器件检测从器件回送的应答信号(低电平有效)。从器件给出应答信号后主器件也要向从器件回送一个低电平的应答信号，如图 4.24 所示。

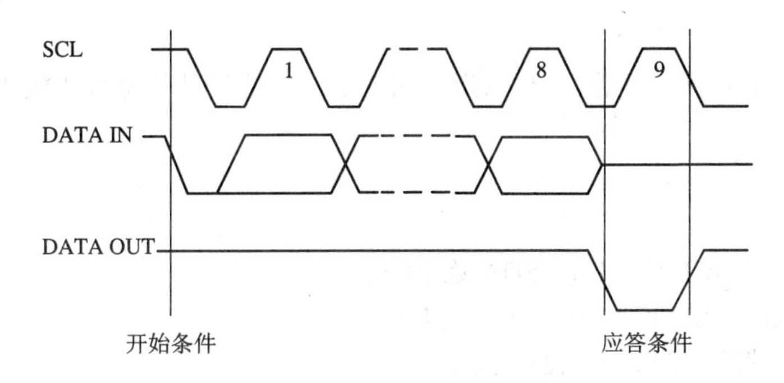

图 4.24　发送器在应答期间下拉 SDA 线

I^2C 总线数据传输过程：

写入过程：启动→被控接收器地址→R/W=0→等待应答信号→输出存储单元地址→等待应答信号→输出写入存储单元的数据→等待应答信号→停止。

读出过程：启动→被控接收器地址→R/W=1→等待应答信号→主器件读数据→等待应答信号→停止。

数据传输(读/写)格式：

起始位	被控接收器地址	R/W	应答信号	数据	应答信号	…	停止位

由于 I^2C 总线可挂多个串行接口器件，在 I^2C 总线中每个器件都应有唯一的器件地址，按 I^2C 总线规则器件地址为 7 位数据。器件寻址字节中的最高 4 位为器件型号地址，由厂家给定。AT24C 系列 EEPROM 的型号地址皆为 1010，器件地址中的低 3 位为引脚地址 $A_2A_1A_0$，对应器件寻址字节中的 D3、D2、D1 位，在硬件设计时由连接的引脚电平给定。

连续写操作是对 EEPROM 连续装载 n 个字节数据的写入操作，SDA 线上连续写操作的数据状态如下：

S	$1010A_2A_1A_00$	A	Addr	A	Data1	A	Data2	…	A	Data n	A	P

在操作格式中，S 表示 START 起始位，A 表示 ACK 应答位。

AT24C 系列片内地址在接收到每一个数据字节地址后自动加 1，故装载一页以内规定数据字节时，只须输入首地址。若装载字节多于规定的最多字节数，数据地址将“上卷”，前面的数据被覆盖。

连续执行读操作是为了指定定时器地址和片内地址，重复一次启动信号和器件地址(读)，就可读出该地址的数据。由于“伪字节写”中并未执行写操作，因此地址没有加 1。

以后每读取一个字节，地址自动加 1。在读操作中，接收器件收到最后一个数据字节后不返回肯定应答(保持 SDA 高电平)，随后发停止信号。SDA 上连续读操作的数据状态如下：

S	1010 $A_2A_1A_0$0	A	Addr	A	S	1010 $A_2A_1A_0$	A	Data	…	A	P

三、实训设备与器件

实训设备：QTH-2008XS 单片机实验仪，QTH-2008XS 开发软件，PC 机。

实训器件：专用导线，AT24C16 芯片，LED 显示器。

四、实训内容

对 AT24C16 进行读/写，把数据写入指定的地址中，然后从该地址中读出数据，并在 LED 上显示。

五、实训连线

AT24C16 实验孔：SCL 连 P1.0，SDA 连 P1.1。

串/并转换实验孔：DIN 连 P3.0，CLK 连 P3.1。

AT24C16 I^2C 总线连接图如图 4.25 所示。

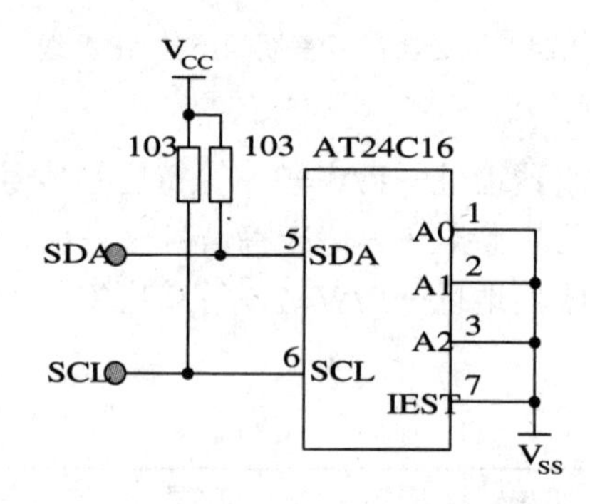

图 4.25　AT24C16 I^2C 总线连接图

六、实训程序

```
        A_SDA       BIT     P1.1
        A_SCL       BIT     P1.0
        A_ADDR      EQU     55H
        A_DATA      EQU     77H
                    ORG     0000H
                    AJMP    MAIN
**************************************************************
                    /*主程序*/
**************************************************************
                    ORG     0030H
        MAIN:       CALL    A_WRITE
```

```
            CALL     A_READ             ；不等送 0
MAIN1：     MOV      R0，A
            CALL     DISP
            CALL     DELAY
            CALL     DELAY              ；显示
            AJMP     $
DISP：      MOV      A，R0              ；低位
            ANL      A，#0FH
            ACALL    DSEND              ；显示
            MOV      A，R0
            SWAP     A
            ANL      A，#0FH            ；高位
            ACALL    DSEND              ；显示
            RET
DSEND：     MOV      DPTR，#SGTB1
            MOVC     A，@A+DPTR         ；取字符
            MOV      SBUF，A            ；发送字符
            JNB      TI，$              ；等待串口发送完
            CLR      TI
            RET
*****************************************************************
                  /*写数据到指定的地址中*/
*****************************************************************
A_WRITE：   SETB     A_SCL
            SETB     A_SDA
            CLR      A_SDA              ；开始信号，启动 AT24C16
            MOV      A，#0A0H           ；送控制字：写
            CALL     A_SEND             ；调用发送字节子程序
            MOV      A，#A_ADDR         ；送片内字节地址
            CALL     A_SEND
            MOV      A，#A_DATA         ；送数据
            CALL     A_SEND
            CLR      A_SDA              ；停止信号
            NOP
            NOP
            SETB     A_SCL
            NOP
            NOP
            SETB     A_SDA
```

```
            CALL    DELAY
            RET
**********************************************************
                /*从指定的地址中读出数据*/
**********************************************************
A_READ:     SETB    A_SCL
            SETB    A_SDA
            CLR     A_SDA                   ；开始信号，启动 AT24C16
            MOV     A，#0A0H                 ；送控制字：写
            CALL    A_SEND                  ；调用发送字节子程序
            MOV     A，#A_ADDR               ；指定地址
            CALL    A_SEND
            SETB    A_SCL
            SETB    A_SDA
            CLR     A_SDA
            MOV     A，#0A1H                 ；送控制字：读
            CALL    A_SEND
            CALL    A_RECEIVE               ；接收数据
            CLR     A_SDA
            NOP
            NOP
            SETB    A_SCL
            NOP
            NOP
            SETB    A_SDA
            RET
**********************************************************
                /*字节发送子程序*/
**********************************************************
A_SEND:     MOV     R0，#08H
A_SEND1:    CLR     A_SCL
            RLC     A
            MOV     A_SDA，C
            NOP
            SETB    A_SCL
            NOP
            NOP
            NOP
            DJNZ    R0，A_SEND1
```

```
            CLR     A_SCL                   ; 第9个脉冲准备取应答位
            NOP
            NOP
            NOP
            SETB    A_SCL
A_LOOP:     MOV     C，A_SDA
            JC      A_LOOP                  ; 应答到否
            CLR     A_SCL
            RET
************************************************************
                /*字节接收子程序*/
************************************************************
A_RECEIVE:  MOV     R0，#08H
A_REC:      SETB    A_SCL
            NOP
            NOP
            MOV     C，A_SDA
            RLC     A
            CLR     A_SCL
            NOP
            NOP
            DJNZ    R0，A_REC
            SETB    A_SDA                   ; 最后一个字节SDA置1
            NOP
            NOP
            SETB    A_SCL                   ; 第9个脉冲
            NOP
            NOP
            CLR A_SCL
            RET
************************************************************
                /*延时子程序*/
************************************************************
DELAY:      MOV     R6，#10                 ; 延时
DELAY1:     MOV     R7，#250
            DJNZ    R7，$
            DJNZ    R6，DELAY1
            RET
```

```
*********************************************************
                    /*字符编码*/
*********************************************************
SGTB1:          DB          03H                     ; 0
                DB          9FH                     ; 1
                DB          25H                     ; 2
                DB          0DH                     ; 3
                DB          99H                     ; 4
                DB          49H                     ; 5
                DB          41H                     ; 6
                DB          1FH                     ; 7
                DB          01H                     ; 8
                DB          09H                     ; 9
                DB          11H                     ; A
                DB          0C1H                    ; B
                DB          63H                     ; C
                DB          85H                     ; D
                DB          61H                     ; E
                DB          71H                     ; F
                DB          00H
                END
```

七、实训要求与思考题

(1) 分析程序，读懂程序功能，画出程序流程图。

(2) 输入程序并汇编通过，纠错无误，屏蔽断点全速运行程序，观察显示数据的变化情况。

(3) 分析 AT24C16 读/写数据的方法。

实训九 IC 卡读写程序

一、实训目的

熟悉 IC 卡的功能特性及与单片机的数据交换方法。

掌握 IC 卡接口电路的原理与设计方法，以及 IC 卡编程的方法。

二、实训预习知识

1. SLE4442 特性

SLF4442 的特性包括以下几个方面：

(1) 256×8 位的 EEPROM 的用户存储器；

(2) 32×1 位写保护存储器；

(3) 2 线制通信协议，可按字节寻址；

(4) 串行接口、触点配置、复位响应符合 ISO 标准 7816-3；

(5) 擦除和写入的编程时间都为 2.5 ms；

(6) 至少可以擦写 10 000 次，数据保持 10 年以上。

2. 卡功能分区

卡存储器分为主存储器和密码存储器。

(1) 主存储器。主存储器的容量为 256 个字节，每个字节为 8 位。主存储器可分为保护区和应用区。地址单元为 00～1FH 的 32 个字节是保护区，带位保护功能，一旦实行保护后，被保护的单元不可擦除和改写。保护区中没有设置为保护状态的字节，其使用与应用区完全相同。20H~0FFH 为应用区，该区的读/写是以字节方式进行的。

应用区	0FFH 20H
保护区	1FH 00H

(2) 密码存储器。SLE4442 提供了一个 4 字节的密码存储器，其中，0 单元的 EC 是误码计数器，只用了该单元的后三位。其余 3 个字节存放密码。在上电以后，除密码以外，整个存储器都是可读的，如果擦除或改写卡中内容，必须校验密码，只有 3 个字节密码内容完全相同才可进行。这时可读出密码内容，如果需要的话，还可以改写密码。如果输入的密码不正确，错一次，EC 为 011，再一次不正确，EC 为 001，三次不正确，EC 为 000，这时卡片自锁，不能进行读/写操作。三次输入只要有一次正确，EC 就为 111。

SC3	
SC2	
SC1	
	EC

3. 引脚定义及功能

SLE4442 的引脚及功能如表 4.10 所示。

表 4.10　SLE4442 的引脚功能

卡触点	引脚名称	功　能
C1	V_{CC}	提供电源
C2	RST	复位
C3	CLK	时钟输入
C4	NC	空引脚
C5	GND	地
C6	NC	空引脚
C7	I/O	双向数据线
C8	NC	空引脚

4．IC 卡的操作

IC 卡与接口设备的通信采用 I^2C 总线形式。

1) 复位与复位应答

上电以后，随着 CLK 上的 1 个时钟脉冲，当 RST 由高电平到低电平时进行了一次复位操作。在以后的 32 个时钟脉冲的输入，I/O 线上将得到相应 32 位数据，这是从卡发送到 CPU 的复位应答标头，由 H1、H2、H3、H4 四个字节组成。其中，H1 表示同步传输协议的类型；H2 表示协议类型的参数，它们必须符合 ISO7816-3 标准；H3 和 H4 不在该标准范围之内，SLE4442 的标头为 A2 14 10 91。在对卡操作前，一般进行复位和复位应答操作，有时要连续进行两次才能得到正确的复位应答信息。IC 时序如图 4.26 所示。

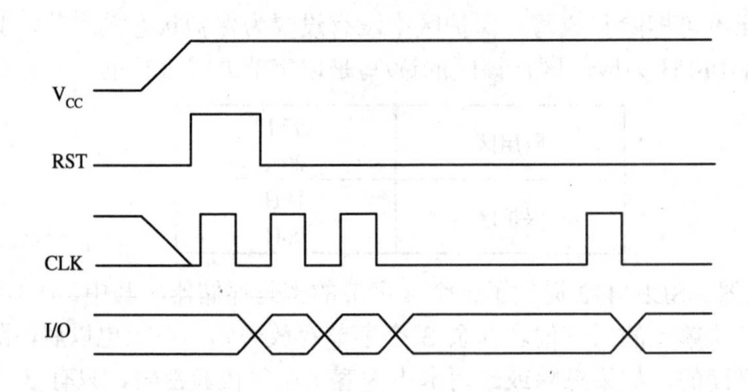

图 4.26　IC 时序

复位与复位应答操作格式：

Byte 1	Byte 2	Byte 3	Byte 4
$DO_7 \cdots DO_0$	$DO_{15} \cdots DO_8$	$DO_{23} \cdots DO_{16}$	$DO_{31} \cdots DO_{24}$

2) 操作命令

复位应答以后就可以对芯片进行输入操作命令。每个命令必须由三部分组成：一个开始命令，接着三个字节包括命令字、地址和数据，最后是一个停止命令。

起始位时序：当 CLK 线在高位时，I/O 线由高转至低。

停止位时序：当 CLK 线在高位时，I/O 线由低转至高。

以下为 7 个命令字：

控制								地址	数据	操作
B7	B6	B5	B4	B3	B2	B1	B0	A0～A7	D0～D7	
0	0	1	1	0	0	0	0	地址	—	读主存储器
0	0	1	1	1	0	0	0	地址	输入数据	写主存储器
0	0	1	1	0	1	0	0	—	—	读保护区
0	0	1	1	1	1	0	0	地址	输入数据	写保护区
0	0	1	1	1	1	0	1	—	—	读密码
0	0	1	1	1	0	0	1	地址	输入数据	写密码
0	0	1	1	0	0	1	1	地址	输入数据	校验密码

3) 密码存储器操作

对密码存储器的操作有三个命令：读密码、写密码和校验密码。

校验密码必须按顺序执行程序，任何改变都会导致失败，不能修改密码还可能引起 EC 位从“1”变为“0”。

4) 主存储器的操作

对主存储器的操作命令有四个读/写应用区、读/写保护区。保护区被保护的信息不能改写，伴随着 32 个时钟脉冲的输入，使用读/写保护区的命令可以知道哪些位被保护。

三、实训设备与器件

实训设备：QTH-2008XS 单片机实验仪，QTH-2008XS 开发软件，PC 机。

实训器件：专用导线，LED 显示器。

四、实训内容

卡的初始密码为 FFH，FFH，FFH，校验密码成功后，在应用存储器中写入数据，再读出数据看是否正确。

五、实训连线

SLE4442 连线图如图 4.27 所示。

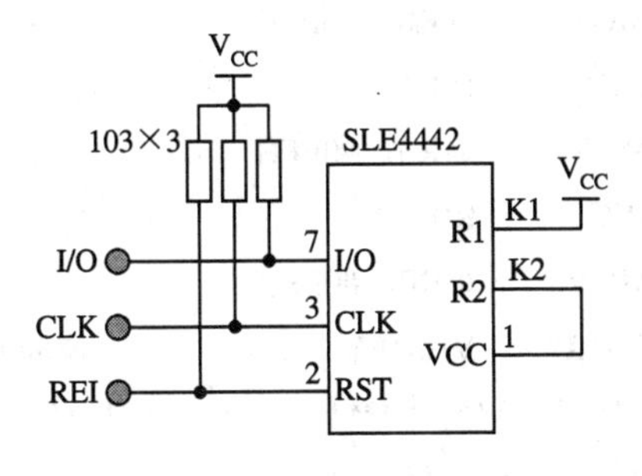

图 4.27　SLE4442 连线图

IC-RET 连 P1.3，IC-I/O 连 P1.2，IC-CLK 连 P1.4。

串/并转换实验孔：DIN 连 P3.0，CLK 连 P3.1。

六、实训参考程序

```
RD_MAIN_RAM     EQU     30H     ；读主存储区
RD_P_RAM        EQU     34H     ；读保护存储区
WR_MAIN_RAM     EQU     38H     ；写主存储区
WR_P_RAM        EQU     3CH     ；写保护存储区
RD_PSC_RAM      EQU     31H     ；读密码
COMP_PSC_RAM    EQU     33H     ；校验密码
WR_PSC_RAM      EQU     39H     ；写密码
ATRDATA         DATA    30H     ；4 字节复位应答，32 位标头 30～33H
```

```
ICCOMMAND       DATA    34H              ；1字节命令(3个字节：1字节命令、
                                         ；1字节地址、1字节数据)
ICADDRESS       DATA    35H              ；1字节地址
ICDATAIN        DATA    36H              ；1字节数据
ICLENGTH        DATA    37H              ；1字节读/写长度
PSWORD          DATA    38H              ；3字节密码(SC1，SC2，SC3)
ICDATA          DATA    3BH              ；32字节读/写数据
RST             BIT     P1.3
SDA             BIT     P1.2
SCL             BIT     P1.4
                ORG     0000H
                SJMP    MAIN1
************************************************************
                /*主程序*/
************************************************************
                ORG     0030H
MAIN1：         MOV     SP，#10H
                MOV     R0，#PSWORD      ；送密码(3个字节)
                MOV     @R0，#0FFH
                INC     R0
                MOV     @R0，#0FFH
                INC     R0
                MOV     @R0，#0FFH
                CALL    VERIFY           ；校验密码
************************************************************
                /*写主存储区*/
************************************************************
MAINLOOP：      MOV     R4，#20H         ；32个字节的读/写数据
                MOV     R0，#ICDATA
                CLR     A
                MOV     A，#077H
LOOP1：         MOV     @R0，A
                INC     R0
                DJNZ    R4，LOOP1
                MOV     ICADDRESS，#20H
                MOV     ICLENGTH，#20H
                CALL    WRMM             ；写主存储区
                MOV     ICADDRESS，#20H
                MOV     ICLENGTH，#20H
```

```
            CALL    RDMM                ；读主存储区
            MOV     R0，A
            CALL    DISP
            AJMP    MAINLOOP
**********************************************************
            /*延时程序 10 μs*/
**********************************************************
ICDELAY：   NOP
            NOP
            NOP
            NOP
            RET
**********************************************************
            /*时钟脉冲*/
**********************************************************
CLOCK：     SETB    SCL
            CALL    ICDELAY             ；延时程序
            CLR     SCL
            CALL    ICDELAY             ；延时程序
            RET
**********************************************************
            /*读字节*/
**********************************************************
RDBYTE：    MOV     R3，#8
            SETB    SDA
            CLR     A
RDBYTE1：   MOV     C，SDA
            RRC     A
            CALL    CLOCK               ；时钟脉冲
            DJNZ    R3，RDBYTE1
            RET
**********************************************************
            /*写字节*/
**********************************************************
WRBYTE：    MOV     R3，#8
WRBYTE1：   RRC     A
            MOV     SDA，C
            CALL    CLOCK
            DJNZ    R3，WRBYTE1
```

```
            RET
************************************************************
            /*复位与应答*/
将得到4个字节的标头 0XA2，0X13，0X10，0X91
************************************************************
RST_ATR：    CLR     RST
            CLR     SCL
            CALL    ICDELAY
            SETB    RST
            CALL    ICDELAY
            SETB    SCL
            CALL    ICDELAY
            CLR     SCL
            CALL    ICDELAY
            CLR     RST
            CALL    ICDELAY
            MOV     R0，#ATRDATA
            MOV     R4，#4              ；4个字节的应答信号→ATRDATA
ATR：        CALL    RDBYTE
            MOV     @R0，A
            INC     R0
            DJNZ    R4，ATR
            RET
************************************************************
            /*发送命令3字节*/
************************************************************
SENDCOMMAND：  SETB    SCL               ；开始条件
            CALL    ICDELAY
            CLR     SDA
            CALL    ICDELAY
            CLR     SCL
            MOV     R0，#ICCOMMAND
            MOV     R4，#3              ；3个字节，命令、地址、数据
SENDCOMMAND1：MOV     A，@R0
            CALL    WRBYTE
            INC     R0
            DJNZ    R4，SENDCOMMAND1
            CLR     SCL
            CLR     SDA
```

```
                CALL    ICDELAY
                SETB    SCL
                CALL    ICDELAY
                SETB    SDA
                CALL    ICDELAY
                CLR     SCL
                CALL    ICDELAY
                RET
************************************************************
                /*读主存储区*/
************************************************************
RDMM:           CALL    RST_ATR                  ；复位与应答
                MOV     ICCOMMAND，#RD_MAIN_RAM
                CALL    SENDCOMMAND
                MOV     R0，#ICDATA
                MOV     R4，ICLENGTH
RDMM1:          CALL    RDBYTE
                MOV     @R0，A
                INC     R0
                DJNZ    R4，RDMM1
                RET
************************************************************
                /*读保护存储区*/
************************************************************
RDPM:           CALL    RST_ATR
                MOV     ICCOMMAND，#RD_P_RAM
                CALL    SENDCOMMAND
                MOV     R0，#ICDATA
                MOV     R4，#4
RDPM1:          CALL    RDBYTE
                MOV     @R0，A
                INC     R0
                DJNZ    R4，RDPM
                RET
************************************************************
                /*写主存储区*/
************************************************************
WRMM:           CALL    RST_ATR
                MOV     R5，ICLENGTH
```

```
                MOV     ICCOMMAND，#WR_MAIN_RAM
                MOV     R1，#ICDATA
WRMM1:          MOV     ICDATAIN，@R1
                CALL    SENDCOMMAND
                MOV     R4，#0FFH
WRMM2:          CALL    CLOCK
                DJNZ    R4，WRMM2
                INC     ICADDRESS
                INC     R1
                DJNZ    R5，WRMM1
                RET
**************************************************************
                /*写保护存储区*/
**************************************************************
WRPM:           CALL    RST_ATR
                MOV     R5，ICLENGTH
                MOV     ICCOMMAND，#WR_P_RAM
                MOV     R1，#ICDATA
WRPM1:          MOV     ICDATAIN，@R1
                CALL    SENDCOMMAND
                MOV     R4，#0FFH
WRPM2:          CALL    CLOCK
                DJNZ    R4，WRPM2
                INC     ICADDRESS
                INC     R1
                DJNZ    R5，WRPM1
                RET
**************************************************************
                /*读密码存储区*/
**************************************************************
RDSM:           CALL    RST_ATR
                MOV     ICCOMMAND，#RD_PSC_RAM
                CALL    SENDCOMMAND

                MOV     R0，#ICDATA
                MOV     R4，#4
RDSM1:          CALL    RDBYTE
                MOV     @R0，A
                INC     R0
```

```
                DJNZ    R4，RDSM1
                RET
************************************************************
                /*读错误计数器，读出的数据在 A 中*/
************************************************************
RDSM_EC:        CALL    RST_ATR
                MOV     ICCOMMAND，#RD_PSC_RAM
                CALL    SENDCOMMAND
                CALL    RDBYTE
                RET
************************************************************
                /*写密码存储区中的 00 单元*/
************************************************************
WRSM:           CALL    RST_ATR
                MOV     R5，#1
                MOV     ICCOMMAND，#WR_PSC_RAM
                MOV     R1，#ICDATA
WRSM1:          MOV     ICDATAIN，@R1
                CALL    SENDCOMMAND
                MOV     R4，#0FFH
WRSM2:          CALL    CLOCK
                DJNZ    R4，WRSM2
                INC     ICADDRESS
                INC     R1
                DJNZ    R5，WRSM1
                RET
************************************************************
                /*更新密码*/
************************************************************
WRPSC:          CALL    RST_ATR
                MOV     R5，#3
                MOV     ICCOMMAND，#WR_PSC_RAM
                MOV     ICADDRESS，#01H
                MOV     R1，#PSWORD
PSC1:           MOV     ICDATAIN，@R1
                CALL    SENDCOMMAND
                MOV     R4，#0FFH
PSC2:           CALL    CLOCK
                DJNZ    R4，PSC2
```

```
                INC     ICADDRESS
                INC     R1
                DJNZ    R5，PSC1
                RET
*************************************************************
                /*比较验证数据(3 个字节的密码)*/
*************************************************************
SENDPSC:        MOV     R5，#3                ；字节数
                MOV     ICCOMMAND，#COMP_PSC_RAM
                MOV     ICADDRESS，#01H       ；起始地址
                MOV     R1，#PSWORD
PSC21:          MOV     ICDATAIN，@R1
                CALL    SENDCOMMAND           ；命令、地址、数据
                MOV     R4，#123
PSC22:          CALL    CLOCK
                DJNZ    R4，PSC22
                INC     ICADDRESS
                INC     R1
                DJNZ    R5，PSC21
                RET
*************************************************************
                /*校验密码*/
*************************************************************
VERIFY:         CALL    RDSM_EC               ；读出误码计数器内容→A
                ANL     A，#07H               ；判断误码计数器内容
                CJNE    A，#00H，VERI1
                RET
VERI1:          CJNE    A，#07H，VERI21
                MOV     A，#03H
                SJMP    VERI2
VERI21:         CJNE    A，#06H，VERI22
                MOV     A，#02H
                SJMP    VERI2

VERI22:         CJNE    A，#05H，VERI23
                MOV     A，#01H
                SJMP    VERI2
VERI23:         CJNE    A，#04H，VERI24
                MOV     A，#00H
```

```
                SJMP    VERI2
VERI24:         CJNE    A，#03H，VERI25
                MOV     A，#01H
                SJMP    VERI2
VERI25:         MOV     A，#00H
VERI2:          MOV     ICDATA，A
                MOV     ICADDRESS，#00H
                CALL    WRSM                ；更新误码计数器内容
                CALL    SENDPSC             ；比较三字节密码
                MOV     ICDATA，#07H
                MOV     ICADDRESS，#00H
                CALL    WRSM                ；擦除误码计数器中的内容
                CALL    RDSM_EC             ；读误码计数器内容
                ANL     A，#07H
                RET
************************************************************
                /*显示子程序*/
************************************************************
DISP:           MOV     A，R0               ；低位
                ANL     A，#0FH
                ACALL   DSEND               ；显示
                MOV     A，R0
                SWAP    A
                ANL     A，#0FH             ；高位
                ACALL   DSEND               ；显示
                RET
DSEND:          MOV     DPTR，#SGTB1
                MOVC    A，@A+DPTR          ；取字符
                MOV     SBUF，A             ；发送字符
                JNB     TI，$               ；等待串口发送完
                CLR     TI
                RET
************************************************************
                /*延时程序*/
************************************************************
DELAY:          MOV     R4，#250            ；延时
DELAY1:         MOV     R5，#250
                DJNZ    R5，$
                DJNZ    R4，DELAY1
```

```
                RET
DELAY1S：       MOV     R7，#0FFH
                DJNZ    R7，$
                RET
*************************************************************
                /*字符编码*/
*************************************************************
SGTB1：         DB      03H             ；0
                DB      9FH             ；1
                DB      25H             ；2
                DB      0DH             ；3
                DB      99H             ；4
                DB      49H             ；5
                DB      41H             ；6
                DB      1FH             ；7
                DB      01H             ；8
                DB      09H             ；9
                DB      11H             ；A
                DB      0C1H            ；B
                DB      63H             ；C
                DB      85H             ；D
                DB      61H             ；E
                DB      71H             ；F
                DB      00H
                END
```

七、实训要求与思考题

(1) 分析程序，读懂程序功能，画出程序流程图。

(2) 输入程序并汇编通过，纠错无误，屏蔽断点全速运行程序，观察显示数据数值与输入的数据是否一致。

(3) 分析程序读字节、写字节的方法。

(4) 分析程序写密码、更新密码、校验密码的方法。

实训十　单片机串行口与PC机通信

一、实训目的

掌握单片机串行口工作原理，单片机串行口与PC机的通信工作原理及编程方法。

二、实训预习知识

单片机串行接口有两个控制寄存器：SCON 和 PCON。

1．SCON

D7	D6	D5	D4	D3	D2	D1	D0
SM0	SM1	SM2	REN	TB8	RB8	TI	RI

SCON 串口工作方式如表 4.11 所示。

表 4.11　SCON 串口工作方式

SM0	SM1	方式	功 能 说 明
0	0	0	移位寄存器方式(用于 I/O 口的扩展)
0	1	1	8 位 UART，波特率可变(TI 溢出率/n)
1	0	2	9 位 UART，波特率为 fosc/64 或 fosc/32
1	1	3	9 位 UART，波特率可变(T1 溢出率/n)

SM2：允许方式 2 和方式 3 的多机通信控制位。

REN：允许串行接收位。

TRB：在方式 2 和方式 3 中发送的第 9 位数据。

RB8：在方式 2 和方式 3 中是接收到的第 9 位数据。

TI：发送中断标志。

RI：接收中断标志。

2．PCON

D7	D6～D5
SMOD	

PCON 的最高位是串行波特率系数控制位 SMOD，当 SMOD 为 1 时，波特率加倍。PCON 的其他位为掉电方式控制位。

三、实训设备与器件

实训设备：QTH-2008XS 单片机实验仪，QTH-2008XS 开发软件，PC 机。

实训器件：专用导线，LED 显示器。

四、实训内容

(1) 发送 0～9 在 PC 机上显示。先使 PC 机的超级终端处于连接状态，然后连续运行程序，观察超级终端窗口接收到的数据。

(2) 从 PC 机键盘上输入数据并在 LED 上显示。先使 PC 机的超级终端处于连接状态，然后连续运行程序，在超级终端窗口输入 0～F，观察实验仪 LED 上显示的数据。

五、实训连线

(1) 用串口线把仿真机与 PC 机相连，把串口旁边的短路块 SW1 短路在 RS232 上。

(2) 把 RXD 与仿真器的 P3.0 相连，把 TXD 与仿真器的 P3.1 相连。

(3) 把串/并转换的 DIN 与 P1.0 相连，把 CLK 与 P1.1 相连。

连线如图 4.28 所示。

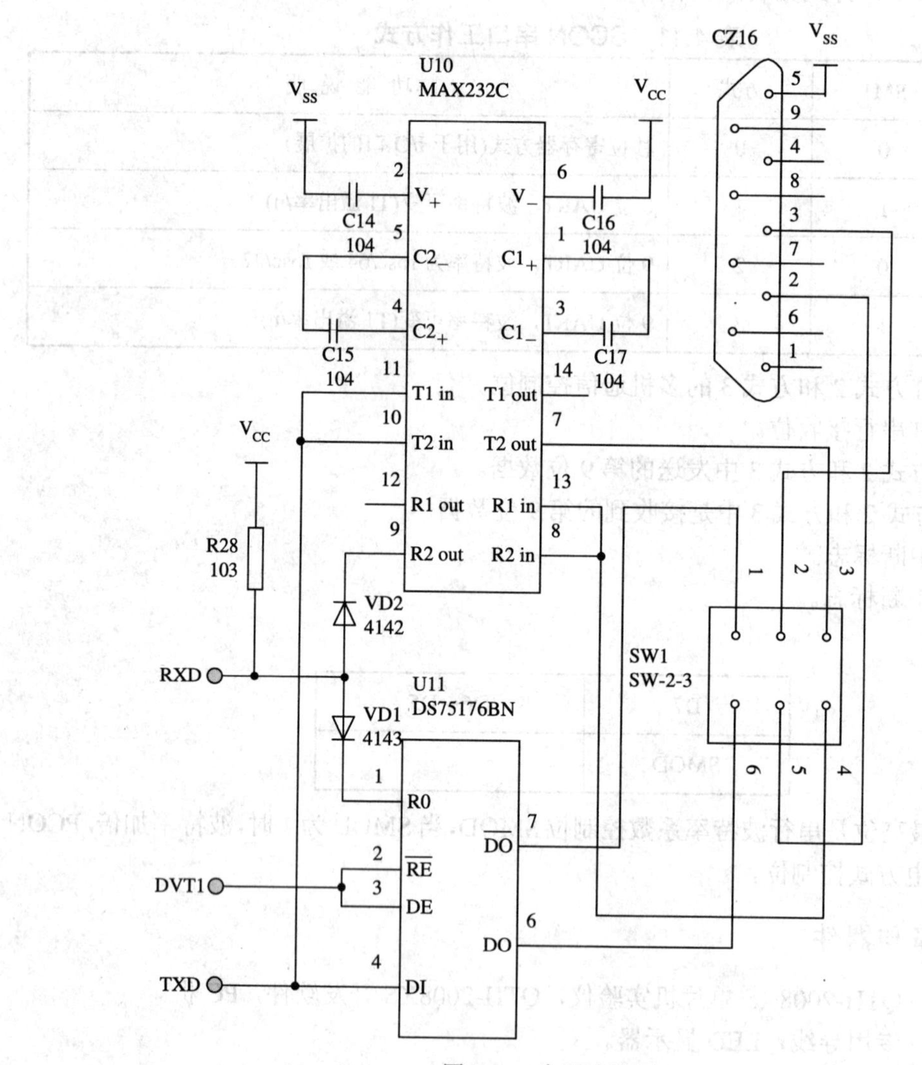

图 4.28　实训连线图

六、参考程序流程图

程序流程图如图 4.29 所示。

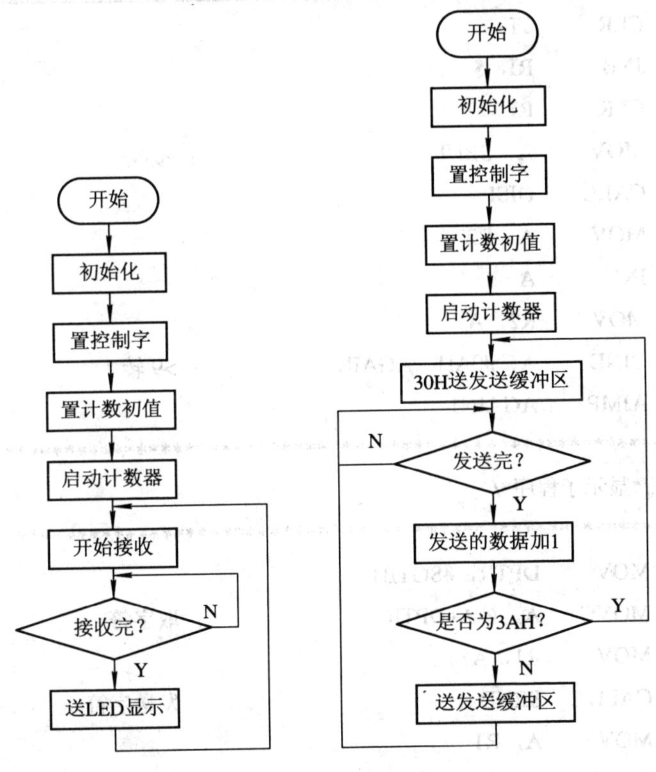

图 4.29　程序流程图

七、实训参考程序

(一) 实训 1 程序

```
DATAIN   BIT    P1.0
DCLK     BIT    P1.1
         ORG    0000H
         AJMP   START
         ORG    0030H
START:   MOV    SP，#60H
         MOV    SCON，#01010000B          ；设定串口 MODE1
         MOV    TMOD，#20H                ；设定计时器 1 为模式 2
         ORL    PCON，#10000000B          ；SMOD=1，波特率为 2 倍
         MOV    TH1，#0F4H                ；设定波特率为 4800 b/s
         MOV    TL1，#0F4H
         SETB   TR1                       ；启动定时器
AGAIN1： MOV    R2，#00H
         MOV    A，R2                     ；发送 0
AGAIN：  MOV    SBUF，A
         JNB    TI，$
```

```
        CLR     TI
        JNB     RI，$
        CLR     RI
        MOV     A，SBUF                 ；接收
        CALL    DISP
        MOV     A，R2
        INC     A
        MOV     R2，A
        CJNE    A，#0AH，AGAIN          ；>9 转
        AJMP    AGAIN1
**************************************************************
        /*显示子程序*/
**************************************************************
DISP:   MOV     DPTR，#SGTB1
        MOVC    A，@A+DPTR              ；取字符
        MOV     R1，A
        CALL    SEND                    ；发送字符
        MOV     A，R1
        CALL    SEND
        CALL    DELAY
        CALL    DELAY
        CALL    DELAY
        RET
SEND:   MOV     R0，#8                  ；发送 8 位
SEND1： CLR     DCLK
        RLC     A
        MOV     DATAIN，C
        SETB    DCLK
        NOP
        DJNZ    R0，SEND1
        SETB    DATAIN
        RET
**************************************************************
        /*延时子程序*/
**************************************************************
DELAY： MOV     R6，#250                ；延时
DELAY1：MOV     R7，#250
        DJNZ    R7，$
        DJNZ    R6，DELAY1
```

```
        RET
**************************************************************************
        /*字符编码*/
**************************************************************************
SGTB1:  DB      0C0H            ; 0
        DB      0F9H            ; 1
        DB      0A4H            ; 2
        DB      0B0H            ; 3
        DB      99H             ; 4
        DB      92H             ; 5
        DB      82H             ; 6
        DB      0F8H            ; 7
        DB      80H             ; 8
        DB      90H             ; 9
        DB      88H             ; A
        DB      83H             ; B
        DB      0C6H            ; C
        DB      0A1H            ; D
        DB      86H             ; E
        DB      8EH             ; F
        DB      00H
        END
```

(二) 实训 2 程序

```
BIT     P1.0
DCLK    BIT     P1.1
        ORG     0000H
        AJMP    START
        ORG     0030H
START:  MOV     SP, #50H            ; 设定堆栈区
        MOV     SCON, #01010000B    ; 设定串口 MODE1
        MOV     TMOD, #20H          ; 设定计时器 1 为模式 2
        ORL     PCON, #10000000B    ; SMOD=1, 波特率为 2 倍
        MOV     TH1, #0F4H          ; 设定波特率为 4800 b/s
        MOV     TL1, #0F4H
        MOV     R0, #50H
        SETB    TR1
AGAIN:  JNB     RI, $
```

```
        CLR     RI
        MOV     A，SBUF                    ；接收
        MOV     R2，A
        MOV     SBUF，A
        JNB     TI，$
        CLR     TI
        MOV     A，R2
        CALL    DISP
        AJMP    AGAIN
****************************************************************
        /*显示子程序*/
****************************************************************
DISP:   MOV     DPTR，#SGTB1
        MOVC    A，@A+DPTR                 ；取字符
        MOV     R1，A
        CALL    SEND                       ；发送字符
        MOV     A，R1
        CALL    SEND
        CALL    DELAY
        CALL    DELAY
        CALL    DELAY
        RET
SEND:   MOV     R0，#8                     ；发送 8 位
SEND1:  CLR     DCLK
        RLC     A
        MOV     DATAIN，C
        SETB    DCLK
        NOP
        DJNZ    R0，SEND1
        SETB    DATAIN
        RET
****************************************************************
        /*延时子程序*/
****************************************************************
DELAY:  MOV     R6，#250                   ；延时
DELAY1: MOV     R7，#250
        DJNZ    R7，$
        DJNZ    R6，DELAY1
        RET
```

```
;*********************************************************
;         /*字符编码*/
;*********************************************************
SGTB1:  DB      0C0H            ; 0
        DB      0F9H            ; 1
        DB      0A4H            ; 2
        DB      0B0H            ; 3
        DB      99H             ; 4
        DB      92H             ; 5
        DB      82H             ; 6
        DB      0F8H            ; 7
        DB      80H             ; 8
        DB      90H             ; 9
        DB      88H             ; A
        DB      83H             ; B
        DB      0C6H            ; C
        DB      0A1H            ; D
        DB      86H             ; E
        DB      8EH             ; F
        DB      00H
        END
```

八、实训调试

(1) 调试时计算机设定。在做单片机发送时，为了方便观察从单片机接收到的结果，进入 Windows 附件——通信——超级终端。进入终端后在“连接时使用”下拉框选择所使用的 COM 口，波特率设置为 4800，数据位 8 位，奇偶校验位无，停止位 1 位，流量控制无。等待接收数据。

在做单片机接收时，在第一个实验的基础上加以下设定：单击“文件”菜单，在“属性”项中单击“设置”按钮，选择 ASIIC 码设置，并在“本地回显建入的字符”选项前打钩。

(2) 输入程序并汇编通过，纠错无误，屏蔽断点全速运行程序，观察显示数据数值与输入的数据是否一致。

九、思考题

(1) 分析单片机如何设置串行口的波特率？

(2) 分析 PC 机如何接收数据？

(3) 分析单片机如何发送数据？

实训十一　8251 可编程串行口与 PC 机通信

一、实训目的

掌握 8251 芯片的结构和编程方法，以及单片机通信的编程方法。

二、实训预习知识

1．8251 信号线

因为 8251 是 CPU 与外设或 Mode 之间的接口芯片，所以它的信号线分为两组：一组是用于与 CPU 接口的信号线，另一组是用于与外设或 Mode 接口的信号线。

(1) 与 CPU 相连的信号线：除了双向三态数据总线(D7～D0)、读(RD)、写(WR)、片选(CS)之外，还有以下信号线。

RESET：复位，通常与系统复位相连。

CLK：时钟，由外部时钟发生器提供。

C/D：控制/数据引脚。

TxRDY：发送器准备好，高电平有效。

TxE：发送器空，高电平有效。

RxRDY：接收器准备好，高电平有效。

SYNDET/BRKDET：同步/中止检测，双功能引脚。

(2) 与外设或 Mode 相连的信号线如下：

DTR：数据终端准备好，输出，低电平有效。

DSR：数据装置准备好，输入，低电平有效。

RTS：请求发送，输出，低电平有效。

CTS：准许传送，输入，低电平有效。

TxD：发送数据线。

RxD：接收数据线。

TxC：发送时钟，控制发送数据的速率。

RxC：接收时钟，控制接收数据的速率。

2．8251 的初始化编程和状态字

8251 是一个可编程的多功能串行通信接口芯片，在使用前必须对它进行初始化编程。初始化编程包括 CPU 将写方式控制字和操作命令字写入 8251 同一控制口，在初始化编程时必须按一定的顺序写入命令。

(1) 方式选择控制字如表 4.12 所示。

表 4.12　方式选择控制字

D7	同步控制	X0	X1	0X	1X
		内同步	外同部	两个同步字符	单个同步字符
D6	异步帧控制	00	01	10	11
		不确定	1 个停止位	1.5 个停止位	2 个停止位
D5	奇偶校验	X0	01	11	
D4		无奇偶校验	奇校验	偶校验	
D3	字符长度	00	01	10	11
D2		5 位	6 位	7 位	8 位
D1	波特率系数	00	01	10	11
D0		同步方式	异步 x 1	异步 x 16	异步 x 64

(2) 操作命令字如表 4.13 所示。

表 4.13　操作命令字

D7	EH	进入搜集方式，只适用于同步方式，为 1 时开始搜索同步字符
D6	IR	内部复位
D5	RTS	请求发送
D4	ER	错误标志复位
D3	SBRK	为 1 时发送中止字符
D2	RxE	为 1 允许接收
D1	DTR	数据终端准备好
D0	TxEN	为 1 允许发送

(3) 状态字如表 4.14 所示。

表 4.14　状　态　字

D7	DSR	数据装置准备好
D6	SYNDET	同步检测
D5	FE	帧错误，只适用于异步方式
D4	OE	溢出错误
D3	PE	奇偶错误
D2	TxE	发送器空
D1	RxRDY	接收准备好
D0	TxRDY	发送准备好

三、实训说明

(1) 实训 1：发送 0～9，并在 PC 机上显示。

(2) 实训 2：从 PC 机键盘上输入数据，并在实验机的 LED 上显示。

四、实训连线

(1) 用串口线把仿真机与 PC 机相连，把串口旁边的短路块 SW1 短路在 RS232 上。

(2) 把串/并转换的 DIN 与 P1.0 相连，把 CLK 与 P1.1 相连。

(3) 把 8251 芯片中的 DSR、DTR、CTS、RTS 与 V_{SS} 相连，TXD、RXD 分别与 RS232 实验区中的 TXD、RXD 相连。

(4) 发送/接收时钟由 8253 产生，连线如下：

脉冲与振荡电路的 3.686 MHz 实验孔相连，8253 定时器电路的 CLK0 连 8251 的 CLK；OUT0 输出作为 8251 发送/接收时钟连 8251 的 TxC/RxC；GATE0 连+5 V。

(5) 8251 选通线 CS 与译码电路 8000H 相连，8253 选通线 CS 与译码电路 9000H 相连。

(6) 8251 及 8253 的 WR 连 P3.6，RD 连 P3.7。

(7) 数据线与仿真单片机的数据线相连，地址高 8 位、低 8 位分别与单片机部分地址线相连。

连线如图 4.30 所示。

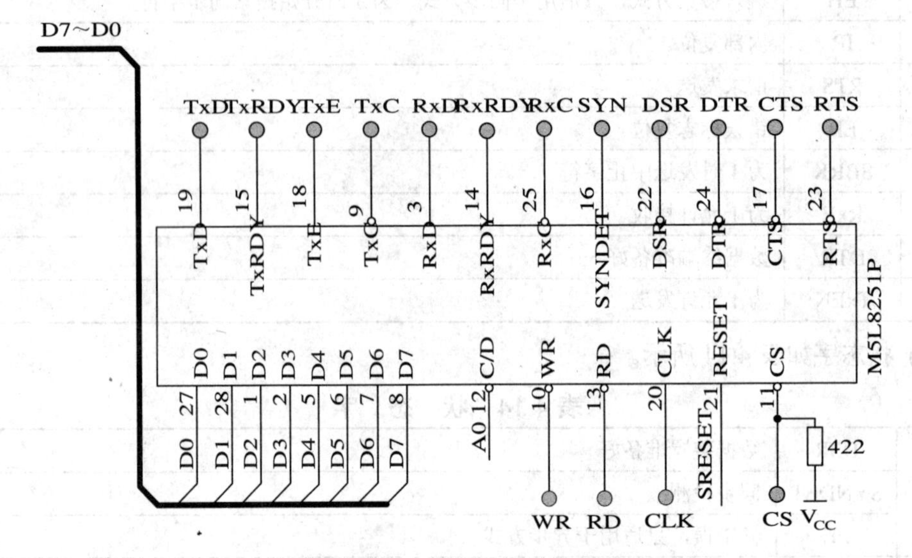

图 4.30 实训连线图

五、实训程序

实训 1 程序：

```
D8251   XDATA   8000H                    ；数据口
S8251   XDATA   8001H                    ；状态口
A8253   XDATA   9000H
B8253   XDATA   9001H
C8253   XDATA   9002H
D8253   XDATA   9003H
        ORG     0000H
```

```
        AJMP    START
        ORG     0030H
START:  MOV     SP，#50H
        MOV     DPTR，#D8253
        MOV     A，#00110110B          ；计时器 0，先低后高，方式 3，二进制计数
        MOVX    @DPTR，A
        MOV     DPTR，#A8253
        MOV     A，#2FH                ；计数初值
        MOVX    @DPTR，A
        CLR     A
        MOVX    @DPTR，A
        MOV     DPTR，#S8251
        MOV     A，#01001110B          ；异步 1 个停止位，无奇偶校验，8 位字符，
                                       ；波特率=发送(接收)时钟/16
        MOVX    @DPTR，A
        MOV         A，#00110111B      ；不搜索，不复位，请求发送，错误标志复
                                       ；位，正常通信，允许接收，数据准备好，
                                       ；允许发送
        MOVX    @DPTR，A
AGAIN:  MOV     R0，#30H               ；发送初值
NEXT:   MOV     DPTR，#S8251
WAIT:   MOVX    A，@DPTR
        RRC     A                    ；检测 TXRDY 是否为 0，即判断发送是否准备好
        JNC     WAIT
        MOV     DPTR，#D8251
        MOV     A，R0
        MOVX    @DPTR，A
        INC     R0
        CJNE    A，#39H，NEXT          ；为 9 赋初值
        AJMP    AGAIN
        END
```

实训 2 程序：

```
DATAIN  BIT     P1.0
DCLK    BIT     P1.1

D8251   XDATA   8000H                  ；数据口
S8251   XDATA   8001H                  ；状态口
A8253   XDATA   9000H
B8253   XDATA   9001H
```

```
C8253   XDATA   9002H
D8253   XDATA   9003H

        ORG     0000H
        AJMP    START

        ORG     0030H

START： MOV     SP，#50H
        MOV     DPTR，#D8253
        MOV     A，#00110110B     ；定时器 0，先读/写低字节后高字节，方式 3，二进
                                  ；制计数
        MOVX    @DPTR，A
        MOV     DPTR，#A8253
        MOV     A，#2FH           ；002FH，输入时钟为 3.686 MHz，输出为 76.8 kHz
        MOVX    @DPTR，A          ；初值=(3686 k/76.8 k)
        CLR     A
        MOVX    @DPTR，A
        MOV     DPTR，#S8251
        MOV     A，#01001110B     ；异步 1 个停止位，无奇偶校验，8 位字符，波特率
                                  ；=发送(接收)时钟/16
        MOVX    @DPTR，A
        MOV     A，#00110111B     ；不搜索，不复位，请求发送，错误标志复位
        MOVX    @DPTR，A          ；正常通信，允许接收，数据准备好，允许发送
AGAIN： MOV     DPTR，#S8251
WAIT：  MOVX    A，@DPTR
        ANL     A，#02H           ；判断接收是否准备好
        JZ      WAIT
        MOV     DPTR，#D8251
        MOVX    A，@DPTR
        CALL    DISP
        NOP
        AJMP    AGAIN

DISP：  CJNE    A，#40H，DISP1
DISP1： JNC     ZF                ；判断是字母还是数字
        CLR     C
        SUBB    A，#30H
```

```
        AJMP    DISP3
ZF:     CLR     C
        SUBB    A，#37H
DISP3:  MOV     DPTR，#SGTB1
        MOVC    A，@A+DPTR             ；取字符
        MOV     R1，A
        CALL    SEND                   ；发送字符
        MOV     A，R1
        CALL    SEND
        CALL    DELAY
        CALL    DELAY
        CALL    DELAY
        RET
***********************************************************************
        /*发送子程序*/
***********************************************************************
SEND:   MOV     R0，#8                 ；发送 8 位
SEND1:  CLR     DCLK
        RLC     A
        MOV     DATAIN，C
        SETB    DCLK
        NOP
        DJNZ    R0，SEND1
        SETB    DATAIN
        RET
***********************************************************************
        /*延时子程序*/
***********************************************************************
DELAY:  MOV     R6，#250               ；延时
DELAY1: MOV     R7，#250
        DJNZ    R7，$
        DJNZ    R6，DELAY1
        RET
***********************************************************************
        /*字符编码*/
***********************************************************************
SGTB1:  DB      0C0H                   ；0
        DB      0F9H                   ；1
        DB      0A4H                   ；2
```

```
        DB      0B0H            ; 3
        DB      99H             ; 4
        DB      92H             ; 5
        DB      82H             ; 6
        DB      0F8H            ; 7
        DB      80H             ; 8
        DB      90H             ; 9
        DB      88H             ; A
        DB      83H             ; B
        DB      0C6H            ; C
        DB      0A1H            ; D
        DB      86H             ; E
        DB      8EH             ; F
        DB      00H
        END
```

六、实训调试

(1) 调试中计算机设定。做单片机发送时，为了方便观察从单片机接收到的结果，进入Windows附件→通信→超级终端。进入终端后在“连接时使用”下拉框选择所使用的COM口，波特率设置为4800，数据位8位，奇偶校验位无，停止位1位，流量控制无。等待接收数据。

(2) 在做单片机接收时，加以下设定，单击“文件”菜单，在“属性”项中单击“设置”按钮，选择ASCII码设置，并在“本地回显建入的字符”选项前打钩。

(3) 输入程序并汇编通过，纠错无误，屏蔽断点全速运行程序，观察显示数据数值与输入的数据是否一致。

七、思考题

(1) 分析8251的初始化编程。

(2) 分析PC机如何发送数据？

(3) 分析如何判断键盘按下是数字键还是字母键？

附录一　通用电路简介

1．逻辑电平开关电路

逻辑电平开关电路有 8 只开关 KN01～KN08 与之相对应的 K01～K08 插孔为逻辑电平输出端。当开关向上拨时，插孔输出高电平“1”；当开关向下拨时，插孔输出低电平“0”。

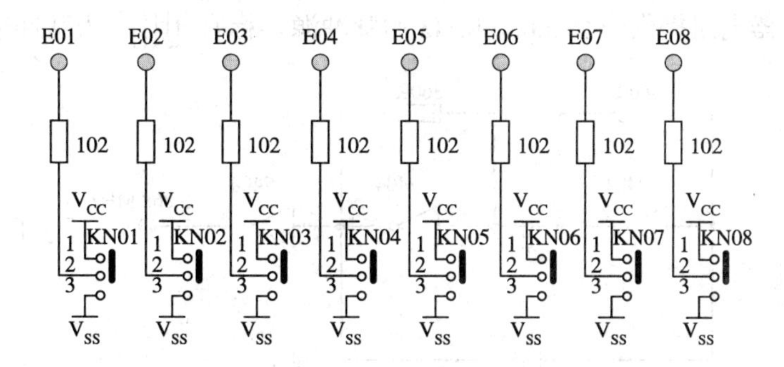

附图 1.1

2．LED 显示电路

LED 显示电路有 16 只 LED 发光二极管及相应的驱动电路。L1～L16 为相应发光二极管驱动信号的输入端，该输入端为低电平“0”时发光二极管亮。

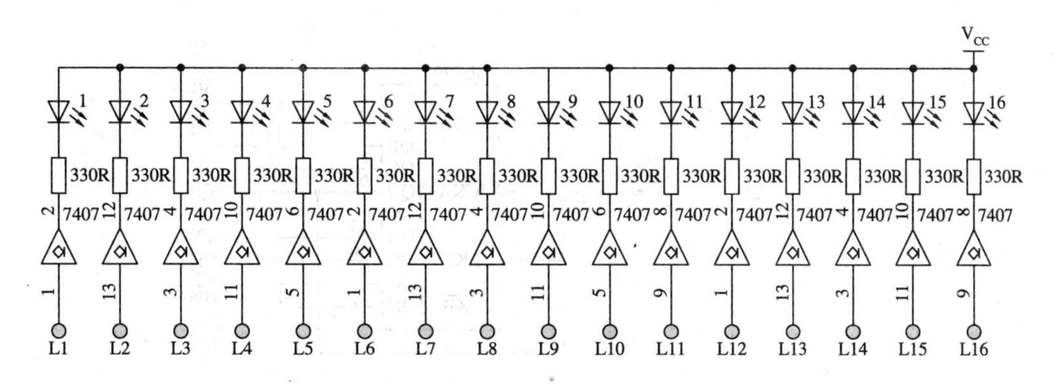

附图 1.2

3．单脉电路

单脉电路有一个单脉冲发生电路，标有⊓为正脉冲输出端，标有⊔为负脉冲输出端，开关 KN00 为单脉冲，每按一次产生一个单脉冲。

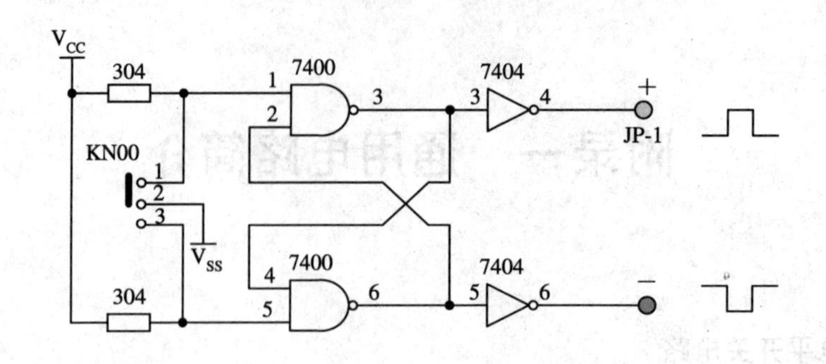

附图 1.3

4．脉冲发生器电路

脉冲发生器电路提供一个 3.686 MHz 的脉冲源，标有 ∏∏∏ 为脉冲输出端。

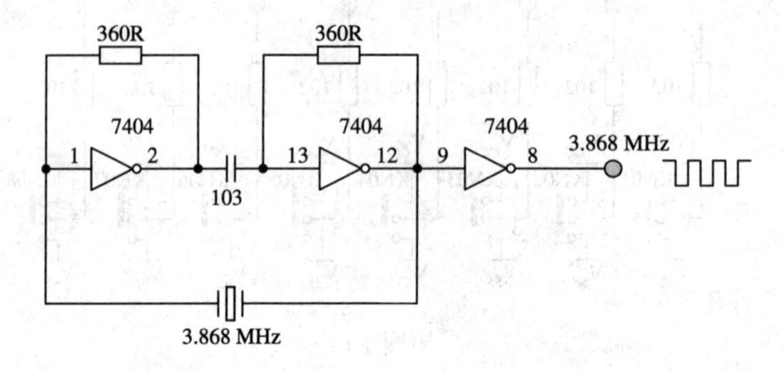

附图 1.4

5．分频电路

分频电路由一片 74LS393 组成，插孔 T 为脉冲输入端，插孔 T00～T07 为分频输出端。

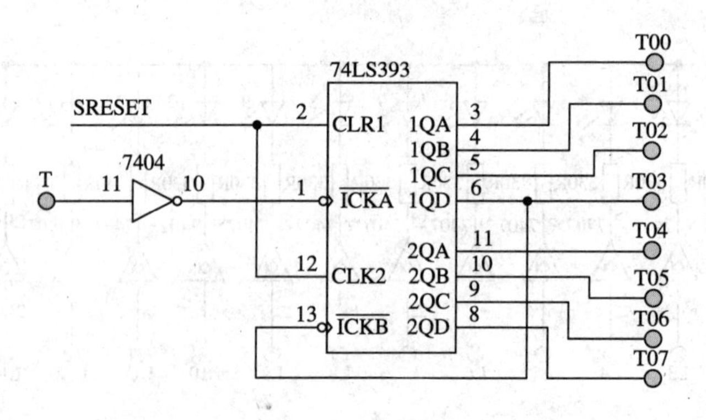

附图 1.5

6．138 译码电路

该电路为一片 74HC138 地址译码电路，译码输出地址分别为 8000H、9000H、A000H、B000H、C000H、D000H、E000H、F000H，供实验使用。

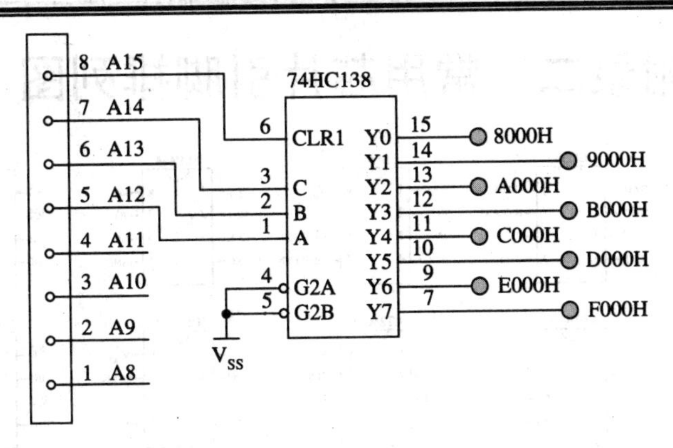

附图 1.6

7．电位器

该电路为一个电位器，调节电位器，电压输出端可获得 0～5 V 的电压，可作为 A/D0809 模拟信号输入。

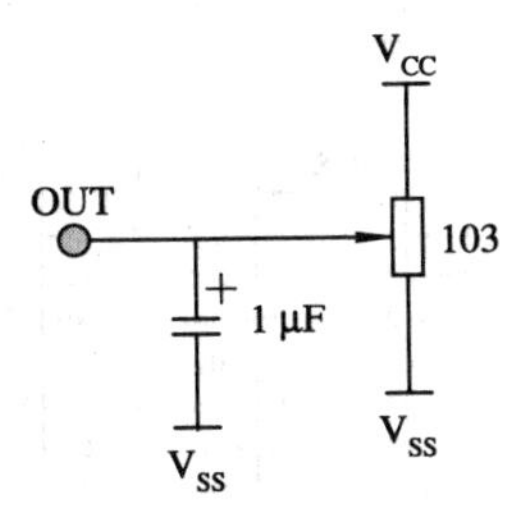

附图 1.7

8．复位电路

复位电路按 RESET 系统进入复位状态。

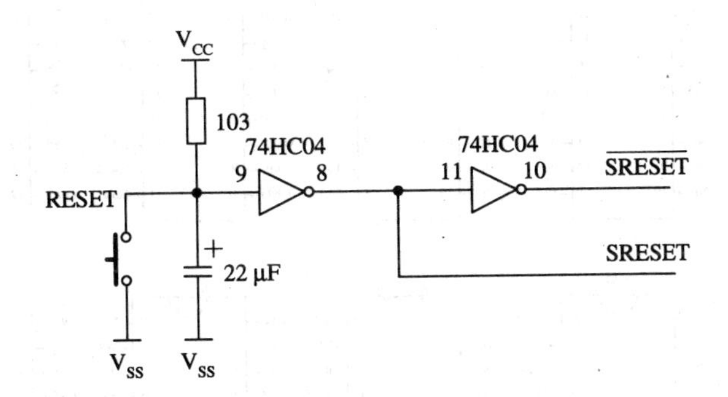

附图 1.8

附录二　常用芯片引脚排列图

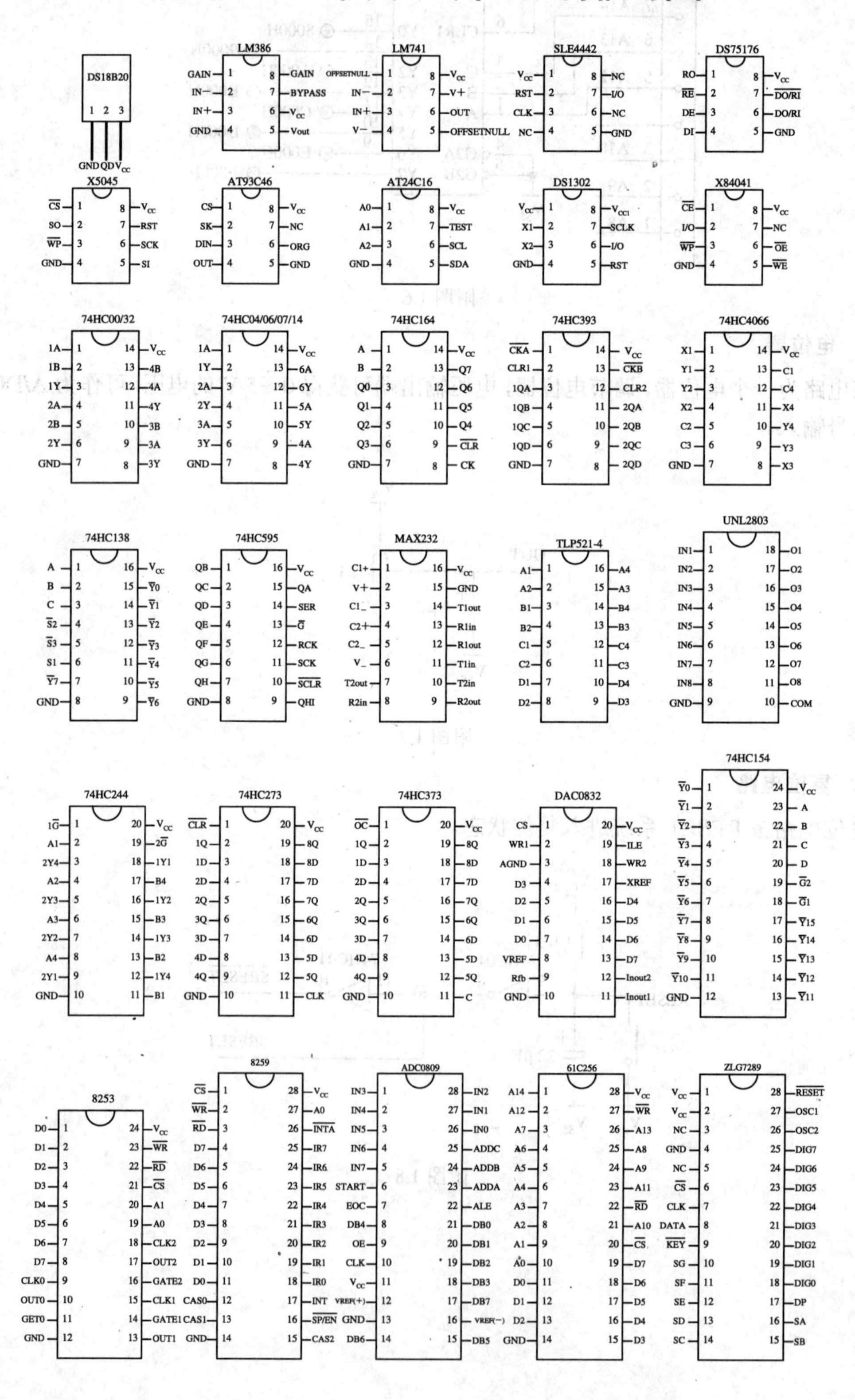

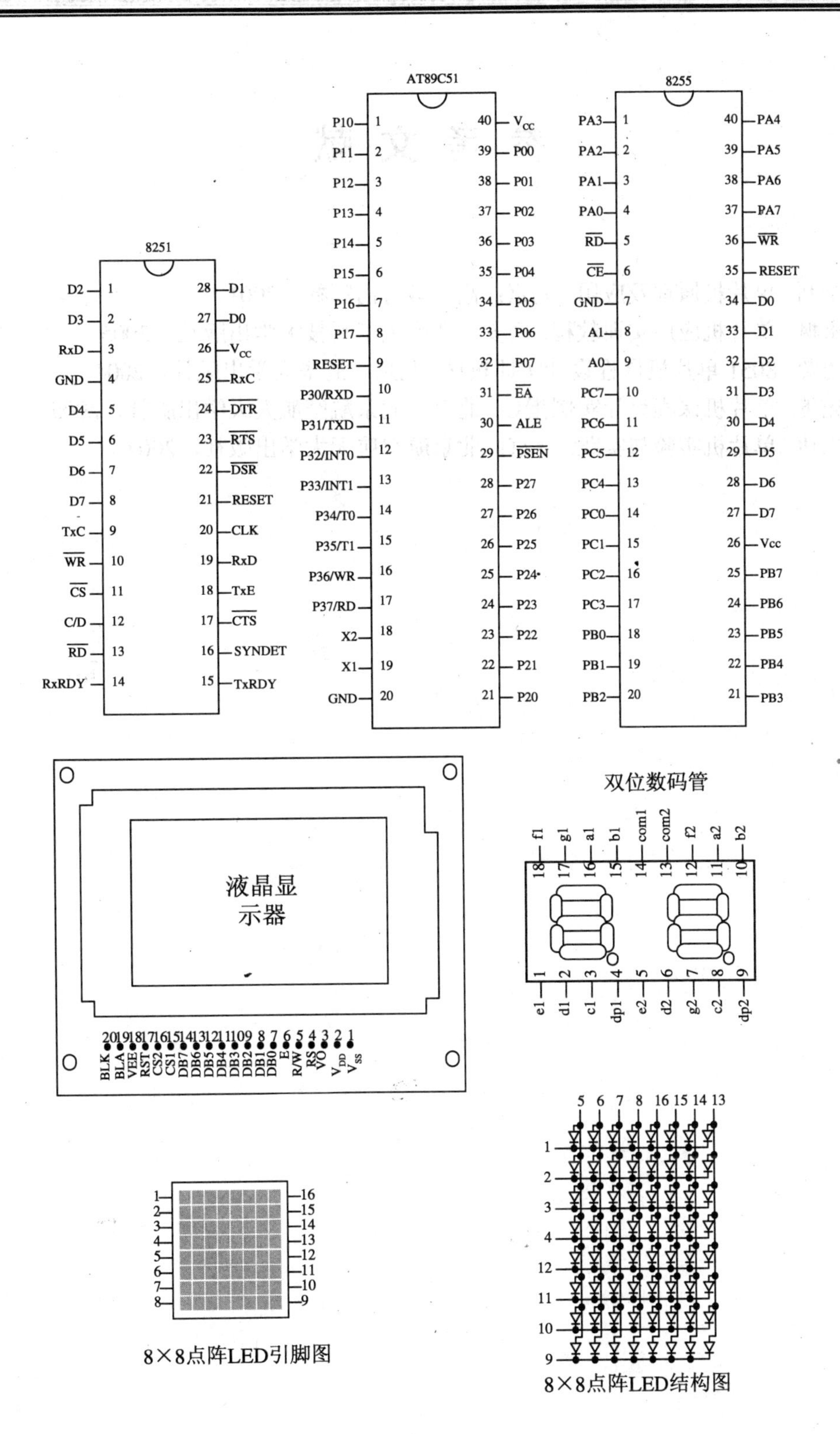

8×8点阵LED引脚图

8×8点阵LED结构图

参 考 文 献

[1] 李全利. 单片机原理及应用. 北京：高等教育出版社，2001
[2] 张永枫. 单片机应用实训教程. 西安：西安电子科技大学出版社，2005
[3] 陈明荧. 8051 单片机课程设计实训教材. 北京：清华大学出版社，2004
[4] 李光飞. 单片机课程设计实例指导. 北京：北京航空航天大学出版社，2005
[5] 周立功. 单片机实验与实践. 北京：北京航空航天大学出版社，2004

离散数学（乔维声） 21.00
软件工程（第二版） 22.00
软件工程与数据库概论 14.00
信息系统分析与设计（卫红春） 19.00
信息系统分析与设计（高职）（卫红春） 18.00
信息系统分析与设计（第二版）（陈圣国） 14.00
人工智能技术导论 （第二版） 18.00

计算机辅助技术类

电子工程制图（含习题集）（高职） 25.00
工程制图（含习题集）（高职） 22.00
计算机绘图（第二版）（许社教） 25.00
DSP应用技术（高职） 25.00
现代DSP技术 22.00
电子电路CAD程序及其应用（高职） 16.00
电子线路 CAD 实用教程（第二版） 22.00
电子工艺与电子 CAD（高职） 14.00
电子电路 EDA 技术 15.00
EDA 技术及应用（第二版） 24.00
EDA 技术综合应用实例与分析 22.00
EDA 技术与数字系统设计（高职） 14.00
数字电路EDA设计（高职） 19.00

操作系统类

计算机操作系统（第二版）（颜） 17.00
计算机操作系统（修订版）（汤） 24.00
《计算机操作系统》学习指导与题解 16.00
计算机操作系统（王津） 16.00
计算机操作系统（孙） 15.00
计算机操作系统（方敏） 28.00
计算机操作实训教程（张） 18.00
操作系统教程——Linux实例分析（孟） 21.00
Linux 操作系统实用教程（高职） 20.00
Linux实训指导教程（高职） 13.00

图形处理类

多媒体技术及应用（王坤） 21.00
多媒体软件设计技术（第二版） 20.00
多媒体技术与应用(第二版)（傅献祯） 16.00
多媒体技术教程（杨安琪） 20.00
多媒体技术基础及其应用（吕辉） 22.00
计算机图形学（张义宽） 20.00
计算机图形学（丁爱玲） 14.00
计算机图形学（研究生系列）（璩柏青） 26.00
计算机图形学——图形的计算与显示原理 22.00
数字图像处理 20.00
3DS MAX 6.0实用教程（高职） 23.00

微机与控制类

微型计算机原理与应用（第二版）（本科） 33.00
《微型原理及应用》（第二版）学习指导 18.00
微型计算机原理（第四版） 29.00
《微型计算机原理》（第四版）学习指导书 14.00
《微型计算机原理》学习与实验指导 18.00
微型计算机原理及接口技术（新世纪） 25.00
微型计算机原理与组成 20.00
80X86 微机原理与接口技术 26.00
单片机原理及接口技术 15.00
单片机应用实训教程（高职） 22.00
新编单片机原理与应用（第二版） 22.00
可编程序控制器原理及应用（第二版） 22.00
计算机控制技术（高职）（温希东） 12.00
计算机外部设备（第二版） 17.00
微机外围设备的使用与维护（高职） 19.00

数据库及计算机语言类

数据库原理（第二版）（郭盈发） 16.00
数据库原理（高荣芳） 18.00
Visual FoxPro 6.0数据库原理与应用（高职） 21.00
基于VFP和SQL的数据库技术及应用 16.00
SQL Server 2000应用基础与实训教程（高职） 19.00
Oracle数据库SQL和PL/SQL实例教程（高职） 17.00
数据库技术及应用（高职） 14.00
网络数据库技术及应用（高职） 20.00
QBASIC程序设计教程 20.00
程序设计与C语言 23.00
《程序设计与C语言》学习指导 16.00
C语言程序设计实例教程（高职）（丁爱萍） 18.00
C语言程序设计案例教程（高职）（李培金） 18.00
C++程序设计（陈圣国） 14.00
C++程序设计语言 20.00
《C++程序设计语言》经典题解与实验指导 13.00
新编 C 语言程序设计教程（第二版） 22.00
《新编 C 语言程序设计教程（第二版）》习题解答与实验指导 15.00
C++Builder 6.0 程序设计（高职） 19.00
Visual Foxpro 6.0 程序设计教程（丁） 22.00
Visual Basic 程序设计（第二版） 20.00
Visual Basic· NET程序设计教程（高职） 18.00

汇编语言程序设计（第二版）（韩海） 18.00
汇编语言程序设计（李强） 23.00
汇编语言程序设计（李革新） 19.00
微型计算机汇编语言程序设计（龚） 23.00
面向对象程序设计与VC++实践 22.00
面向对象程序设计与C++语言 17.00
面向对象程序设计教程 19.00
面向对象程序设计——JAVA 23.00
《面向对象程序设计——JAVA》学习指导与习题解答 19.00
JAVA语言程序设计教程 18.00
JAVA程序设计（高职） 18.00
Visual C++.NET管理信息系统开发案例 26.00

电子技术类

测试与计量技术基础 19.00
传感器原理及工程应用 13.00
模拟电子技术（第二版）（教育部高职） 17.00
模拟电子电路基础（王卫东） 23.00
模拟电子技术基础（21世纪）（孙肖子） 22.00
模拟电子技术（第二版）（江） 18.00
《模拟电子技术》学习指导与题解 12.00
数字电子技术（第二版）（江） 18.00
《数字电子技术》学习指导与题解 14.00
数字电子技术（第二版）（郭永贞） 19.00
数字电子技术（第二版）（教育部高职） 12.00
数字电子技术基础（21 世纪） 18.00
《数字电子技术基础》学习指导（21 世纪） 8.00
现代数字系统设计 25.00
数字电路与系统设计 25.00
数字电路与逻辑设计 18.00
数字系统设计基础 19.00
电路理论基础 20.00
电路基础（第二版）（21世纪） 21.00
《电路基础》学习指导与习题全解（刘） 15.00
电路基础学习指导（21 世纪） 15.00
电路分析——基础理论与实用技术（高职） 20.00
电路分析（第二版）（教育部高职） 18.00
电路分析学习指导与题解（高职）（李） 19.00
电路分析基础（第二版）（张永瑞） 18.00
电路分析基础全真试题详解（张永瑞） 20.00
电路分析基础（高职）（牛金生） 16.00
电路与电子技术（路松行） 22.00
电力电子技术（曾方） 15.00
电工基础（第二版）（教育部高职） 18.00
电工技术（常晓玲） 19.00
电工技术实训（高职） 12.00
电工基础（王秀英） 19.00
电工与工业电子学 18.00
电工技能实训教程（高职） 26.00
电力电子技术（高职） 15.00
电子线路仿真设计（王皑） 18.00
电子测量技术（高职） 16.00
电子技术基础（高职）（苏丽萍） 22.00
电子技术基础——模拟电子技术（高职） 20.00
电子技术基础——数字电子技术（高职） 14.00
智能卡技术（刘守义） 20.00
手机原理与维护（陈良） 13.00
光电探测原理 25.00
天线与电波传播（含光盘） 24.00
天线技术（高职） 14.00
电子线路基础（21 世纪）（傅丰林） 19.00
《电子线路基础》学习和题解指导 22.00
电子线路基础 20.00
电磁场微波技术与天线 18.00
电磁场与电磁波（第二版） 20.00
电磁场与电磁波（含光盘）（郭辉萍） 21.00
电磁场与电磁波学习指导（21世纪） 21.00
高频电子线路（中专） 16.00
扩频通信 9.80
扩展频谱通信及其多址技术 19.00
信号与系统(第二版)（陈生潭） 29.00
《信号与系统》学习指导 17.00
信号与系统（张小虹） 22.00
《信号与系统》学习指导 19.00
信号与线性系统 26.00
数字信号处理（第二版）（丁玉美） 21.00
数字信号处理（丁玉美） 16.00
数字信号处理（刘顺兰） 19.00
自适应信号处理（研究生系列） 16.00
随机信号处理 13.00
数字信号处理——时域离散随机信号处理 19.00
《数字信号处理——时域离散随机信号处理》学习指导 10.00
微波电路 CAA 与 CAD（研究生系列） 21.00
射频/微波电路导论 28.00
微电子器件可靠性（研究生系列） 13.00
物理光学与应用光学 26.00
非线性光学（研究生系列） 40.00

现代光学（研究生系列）	18.00
红外物理（研究生系列）	20.00
常用低压电器与可编程序控制器	22.00
可编程逻辑器件原理、开发与应用	22.00
可编程逻辑器件原理及应用（朱明程）	23.00
多传感器数据融合及其应用（研究生系列）	18.00
毕业设计指导（电类）（高职）	28.00

通信与自动控制类

《通信电子线路（第二版）》学习指导	25.00
光纤通信（方强）	15.00
光纤通信（张宝富）	18.00
光纤通信（刘增基）	15.00
卫星通信	12.00
移动通信（章坚武）	16.00
蜂窝移动通信技术	23.00
移动通信技术（高职）	18.00
数字通信系统（强世锦）	17.00
数字通信原理与技术（第二版）	25.00
数字通信原理（黎洪松）	25.00
通信原理与通信技术	23.00
《通信原理与通信技术》学习指导	22.00
多媒体通信技术（王汝言）	23.00
现代通信系统	24.00
通信电路（沈伟慈）	18.00
通信电源（高职）	14.00
通信系统（修订版）（王秉钧）	22.00
现代通信系统导论（高职）	18.00
现代通信网概论	25.00
现代通信理论与技术导论	25.00
现代通信技术与网络应用	23.00
现代通信新技术	20.00
现代通信原理与技术	26.00
通信工程专业英语	12.00
微波技术与天线	17.00
锁相技术	14.80
计算机通信网（沈）	24.00
计算机通信网（修订版）（刘后铭）	18.00
计算机数据通信教程（张燕）	15.00
纠错码——原理与方法（王新梅）	35.00
编码理论	19.00
数字通信原理与技术（第二版）	25.00
现代通信新技术	20.00
现代交换技术	20.00
程控交换技术实用教程（高职）（李正吉）	11.00
程控数字交换原理学习指导与习题解析	12.00
自动控制原理（赵四化）	16.00
自动控制原理（薛安克）	19.00
《自动控制原理》学习指导与题解（方斌）	22.00
自动控制原理及其应用（高职）	15.00
智能化仪器原理及应用（曹建平）	16.00
楼宇自动化（高职）	14.00
电梯原理及逻辑排故（高职）	22.00

家用电器与机电类

电视原理与系统（赵坚勇）	16.00
电视原理与电视机检修（高职）	16.00
电视机原理与技术（李林和）	20.00
数字电视技术	20.00
电器原理与技术（裴昌幸）	24.00
调音技术（高职）	16.00
音响技术	13.00
现代音响与调音技术	19.00
工程力学（皮）	12.00
机械工程基础（李茹）	26.00
机械设计基础（赵冬梅）	21.00
机械设计基础（张京辉）	24.00
机械基础（周家泽）	17.00
机械 CAD/CAM 技术（方新）	20.00
计算机辅助机械设计（秦汝明）	19.00
数控机床原理与编程（陈富安）	20.00
数控加工与编程（高职）	19.00
机电一体化技术	17.00
电切削加工技术（高职）（詹）	13.00
液压与气动技术（朱梅）	19.00
特种加工技术（周旭光）	10.00